EUROPA LEHRMITTEL

Computerschreiben

Texteingabe
Textbearbeitung
Textgestaltung

Nach der neuesten DIN 5008
Ausgabe 2011

von
Handelsschulrat
Gerhard Nickolaus
staatlich geprüfter Lehrer für Kurzschrift
staatlich geprüfter Lehrer für Maschinenschreiben

Ulrike Huck
staatlich geprüfte Lehrerin für Maschinenschreiben

unter Mitarbeit von
Sascha Huck
Bachelor of Science

EDITION MENDE

Verlag Europa-Lehrmittel · Nourney, Vollmer GmbH & Co. KG
Düsselberger Straße 23 · 42781 Haan-Gruiten

Europa-Nr.: 81824 (mit seitlicher Spiralbindung)
Europa-Nr.: 81832 (mit Kopfspirale und Aufsteller)

Vorwort

Von den Lehrbüchern »lerne fürs leben« sind bisher insgesamt über 250 Auflagen erschienen. Diese Alternativausgabe trägt der Tatsache Rechnung, dass in der Textverarbeitung der Computer die Schreibmaschine ersetzt hat. Deshalb steht auch das gründliche Erlernen des **Tastschreibens am PC** im Vordergund.

Da die Tastaturen von Schreibmaschine und Computer im Kern nach DIN 2137 übereinstimmen, lag es nahe, die bewährte Methode für das Erlernen des Tastschreibens auch am Computer beizubehalten. In **kleinen Schritten** werden die **wichtigsten Funktionen des PC** erläutert. Die Texte dieses Lehrbuches wurden dergestalt erweitert, dass die Computerschreiber zusätzlich Schritt für Schritt in die Handhabung des Computers eingeführt werden: Sie bewegen den Cursor, löschen Schriftzeichen, Wörter und Sätze oder fügen sie ein, sie bilden Absätze oder löschen sie, sie formatieren Texte usf. Da die Grundlagen für die Texteingabe und die Textkorrektur in allen bisherigen Wordprogrammen etwa gleich sind, ist das Buch für die verschiedenen Programme einsetzbar.

Alle Texte können auch mit Schülerinnen und Schülern, die noch an Schreibmaschinen lernen, theoretisch durchgenommen und geschrieben werden; sie erhalten auf diese Weise einen Einblick in die Arbeitsweise des Computers. So ist dieses Buch für den Unterricht an Computern und Schreibmaschinen geeignet.

Ansonsten wurde an bewährten Grundsätzen festgehalten: **Die Erarbeitung der Griffwege erfolgt nach dem ökonomischen Prinzip,** d. h. die Buchstaben mit der größten Häufigkeit werden, wenn dem nicht grifftechnische Überlegungen entgegenstehen, frühzeitig eingeübt. Die Tastatur wird weitgehend korrespondierend erarbeitet. Durch die Anordnung der Griffübungen kann dies sowohl in nachfolgender als auch in gleichzeitiger Korrespondenz erfolgen. Die Umschaltung wird in der 8. Übung eingeführt. Bis dahin sind Komma und Punkt behandelt. Da auch bis zur Erarbeitung der Umschaltung auf Substantive verzichtet wird, werden nur orthografisch richtige Schreibweisen gezeigt. Abgerundet wird der Lehrgang durch Texte aus der Praxis wie **Bewerbung, Lebenslauf,** Privat-, Geschäfts- als auch **Serienbriefe.**

Ich wünsche Ihnen Freude an der Arbeit und guten Erfolg!

Inhaltsübersicht

Seite

Textverarbeitung an Textsystemen/Computern

Als Textsystem bezeichnet man ein Schreibsystem, wenn es die Ein- und Ausgabe von Text für die Textverarbeitung ermöglicht.

Alle Textsysteme arbeiten nach dem Prinzip: Eingabe – Verarbeitung – Ausgabe

Die Eingabe von Texten (Daten) erfolgt über die Tastatur. Die Daten gelangen in den Arbeitsspeicher und sind auf dem Bildschirm zu sehen. Bereits gespeicherte Daten können auch von der Diskette oder der Festplatte direkt in den Bildschirm eingelesen werden.

Die Verarbeitung der Daten besorgt die Zentraleinheit, der eigentliche Rechner (Prozessor). In der Zentraleinheit werden die Daten zwischengespeichert, verarbeitet und weitergeleitet, z. B. an den Bildschirm oder den Drucker.

Die Ausgabe der Daten erfolgt auf dem Bildschirm oder dauerhaft auf Einzelblätter oder Endlospapier mittels Drucker. Die Daten können aber auch auf einer Diskette, einer CD oder Festplatte gespeichert und so immer wieder geladen, bearbeitet und/oder ausgedruckt werden.

Als Hardware bezeichnet man alle physischen Bestandteile eines Computers wie nachstehend beschrieben:

Der Bildschirm zeigt die eingegebenen Daten an. Das Fassungsvermögen reicht von 20 Zeilen bis zu einer Seite A4 mit 80 Zeichen je Zeile. Es gibt Monochrom- (einfarbige) und Farbbildschirme.

Die Zentraleinheit mit Ein- und Ausgabesteuerung, Rechenwerk und Arbeitsspeicher verarbeitet, kontrolliert und steuert die Daten.

Das CD-/DVD-Laufwerk und die Festplatte sind meistens räumlich mit der Zentraleinheit in einem Gehäuse. CDs und Festplatten sind Daten- oder Textträger zur Aufnahme von Informationen. Die Festplatte hat eine größere Zugriffsgeschwindigkeit und eine höhere Speicherkapazität als eine CD.

Die Tastatur ist mit ihren Schreibtasten nach DIN 2137 genormt. Sie ist durch Cursor-Steuertasten, Funktions- und Befehlstasten und einen Ziffernblock erweitert.

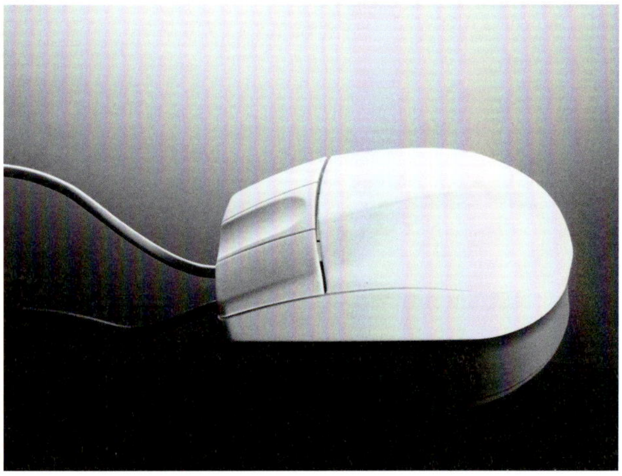

Die Maus erleichtert die Arbeit am Bildschirm durch einfaches Anklicken von Befehlssymbolen. Die oft umständlichere Befehlseingabe über die Tastatur wird durch den Einsatz der Maus vereinfacht.

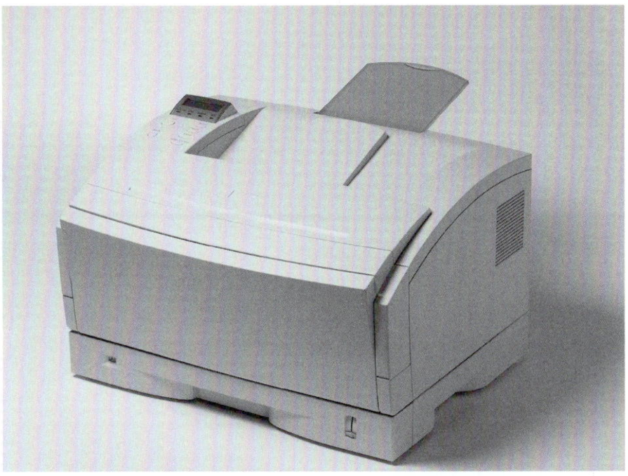

Der Drucker dient zur Ausgabe der eingegebenen Daten auf Papier. Es gibt verschiedene Arten von Druckern, die sich hinsichtlich des Druckverfahrens, der Druckqualität, der Druckgeschwindigkeit und des Druckgeräusches unterscheiden.

Externe Speicher. Da die Speicherkapazität im Hauptspeicher der Zentraleinheit oft nicht ausreicht, sind externe Speicher als Datenträger erforderlich. Als Datenträger werden Festplatten, die Compact Disc (CD-ROM), die DVD und USB-Sticks verwendet. Disketten werden nur noch selten verwendet.

Die Festplatte hat eine hohe Speicherkapazität und eine schnelle Arbeitsgeschwindigkeit, sie muss nicht ausgewechselt werden.

Die Compact Disc (CD-ROM) und die DVD (Digital Versatile Disc) sind Datenträger mit großer Speicherkapazität und schneller Verarbeitungsgeschwindigkeit.

Der USB-Stick ist ein kleiner Speicher, der in die Schnittstelle des Computers eingeführt wird.

Laptop/Notebook – Ein Laptop ist ein kleiner Computer, den Sie überallhin mitnehmen können. Laptops werden oft auch als Notebooks bezeichnet. Sie können über eine Steckdose oder mit einem Akku betrieben werden.

Beim Laptop ist die Maus durch ein Touchpad ersetzt. Wenn Sie einen Finger auf das Touchpad legen und ihn bewegen, bewegt sich auch der Mauszeiger auf dem Bildschirm.

Als Software werden alle Programme bezeichnet. Dabei ist zwischen Systemprogrammen (Betriebssystem) und Anwenderprogrammen (z. B. Textverarbeitung) zu unterscheiden. Für die Textverarbeitung mit dem Computer müssen ein Betriebssystem und ein Textverarbeitungsprogramm vorhanden sein. Die Windows-Programme sind die bekanntesten Betriebssysteme. Textverarbeitungsprogramme gibt es eine Reihe; davon ist WORD sehr verbreitet.

Starten des Programms »Microsoft Word 2010«

Starten des Programms

1. Schalten Sie den Computer ein.
2. Klicken Sie auf das Symbol für Starten am linken unteren Bildschirmrand.

3. Klicken Sie auf »Alle Programme«.

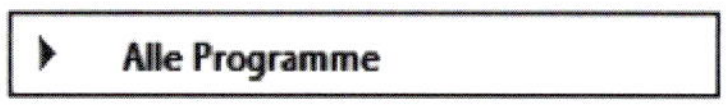

4. Öffnen Sie den Ordner »Microsoft Office«.
5. Öffnen Sie das Programm »Microsoft Office Word 2010«.

Ihr Word-Bildschirm sieht nach dem Start wie folgt aus:

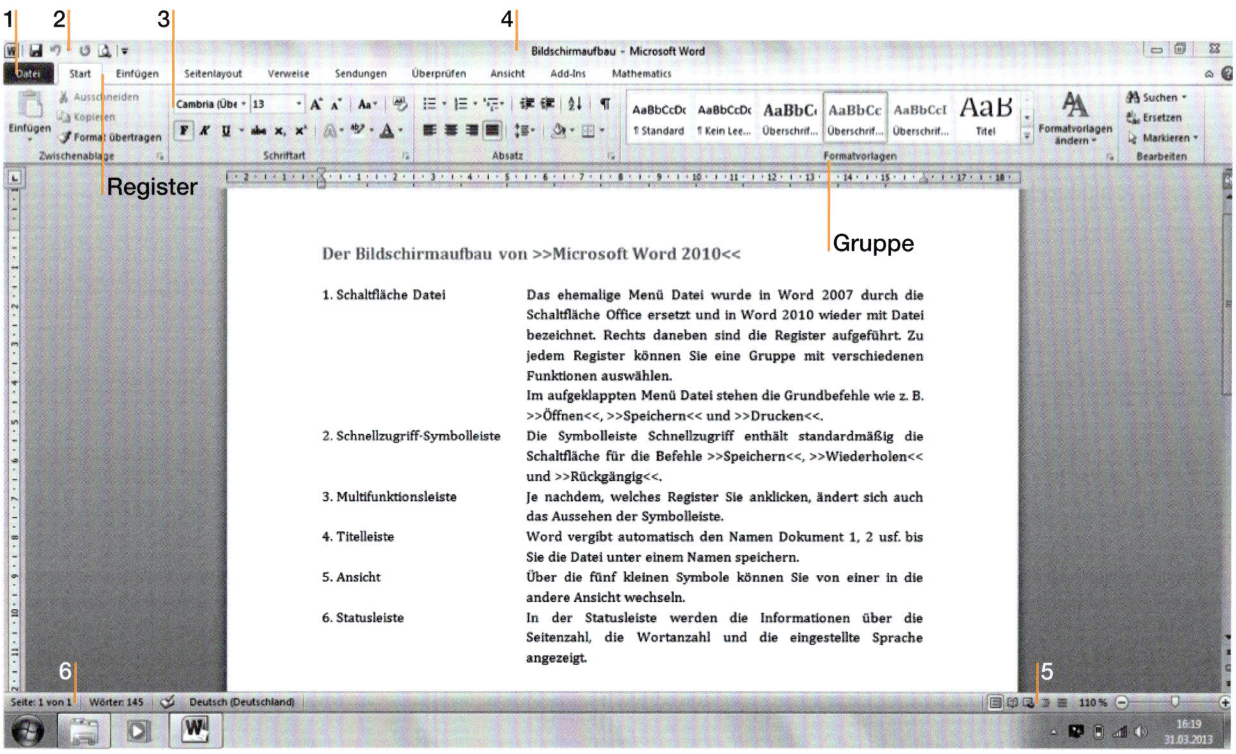

Seitenränder einstellen

Im Register **Seitenlayout** können in der Gruppe **Seite einrichten** mit **Seitenränder** voreingestellte Seitenränder ausgewählt werden. Diese reichen von schmalen über normale bis hin zu sehr breiten Rändern.

Wenn Sie Ihre individuellen Einstellungen eingeben möchten, so klicken Sie auf den untersten Eintrag in der Liste **Benutzerdefinierte Seitenränder ...**

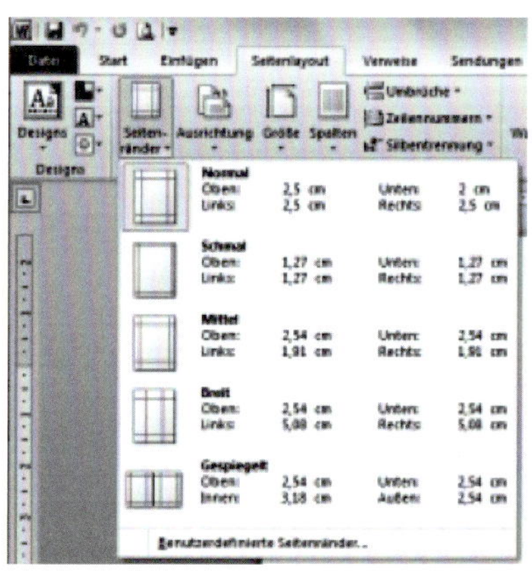

Empfohlen:	oben	2,5 cm
	unten	2,0 cm
	links	2,5 cm
	rechts	2,0 cm
Schriftart:	Courier	
Schriftgrad:	12	

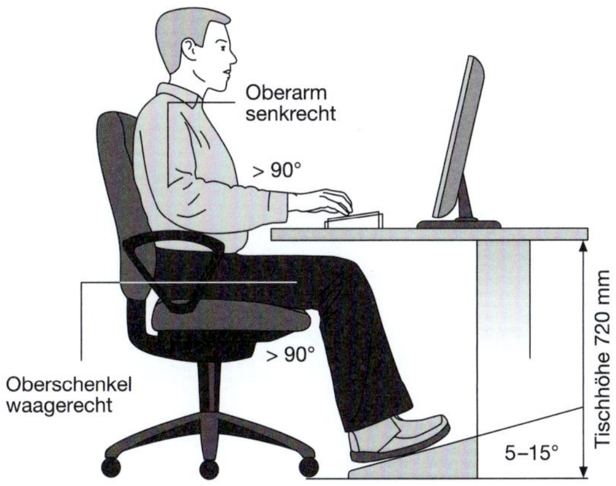

Beispiel eines ergonomisch gestalteten Bildschirm-Arbeitsplatzes mit einem nicht höhenverstellbaren Tisch bei Anordnung der Arbeitsmittel hintereinander.

Der Bildschirmarbeitsplatz

Nach arbeitsmedizinischen Erkenntnissen hat ein 72 cm hoher Bildschirmarbeitstisch in Verbindung mit einer 3 cm hohen Tastatur die optimale Arbeitshöhe.

Ein in der Höhe und in der Rückenlehne verstellbarer Stuhl mit abgerundeter Sitzfläche ermöglicht entspanntes Sitzen.

Der Bildschirm sollte einen Abstand von ca. 50 cm vom Auge haben. Eine ausreichende Beleuchtung darf nicht blenden.

Die Körperhaltung

Sitzen Sie entspannt, Oberkörper aufrecht, Rücken angelehnt, Oberarme locker am Körper. Die Unterarme bilden mit dem Handrücken eine waagerechte Linie. Die Finger sind leicht gekrümmt und berühren die Tasten der Grundstellung. Die Füße stehen fest auf dem Boden oder auf einer Fußstütze. Der Blick ist auf die Vorlage zu richten.

Die Tastatur

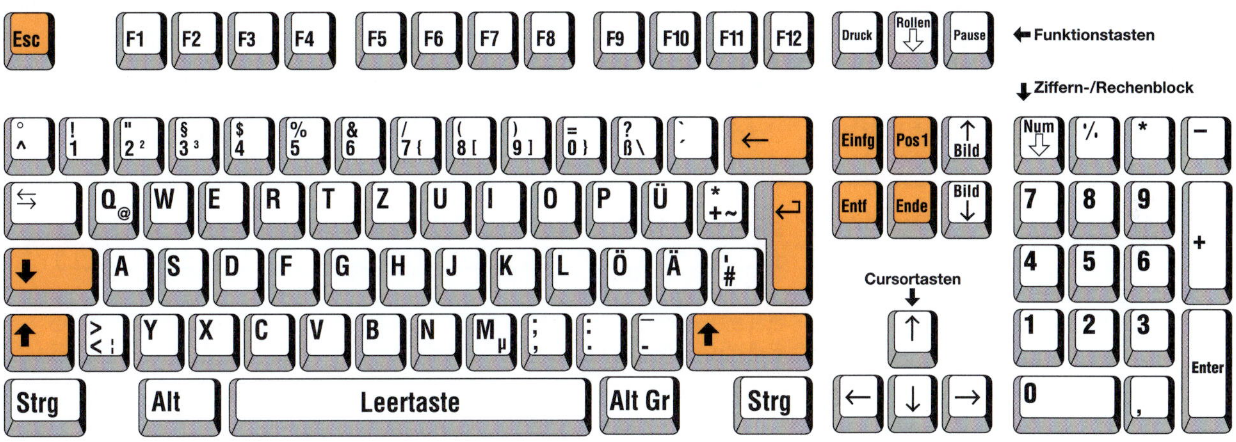

Die Bezeichnung der wichtigsten Sondertasten

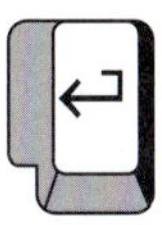

Die Eingabe (Return- bzw. Entertaste)
Die Return-Taste bringt den Cursor an den Zeilenanfang. Alle Befehle werden mit der Return-Taste bestätigt. Die Return-Taste wird auch für harte Zeilenschaltungen verwendet.

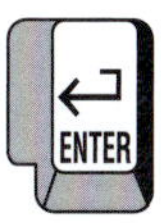

Die Umschalttasten (Shift-Tasten)
Sie dienen zum Schreiben von Großbuchstaben und Zeichen.

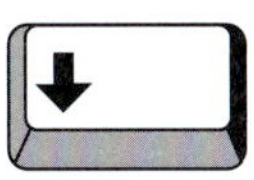

Die Dauerumschalttaste/Feststeller (Caps Lock)
Mit dieser Taste nimmt man die Dauergroßschreibung vor. Bei nochmaliger Betätigung wird die Dauergroßschreibung wieder aufgehoben.

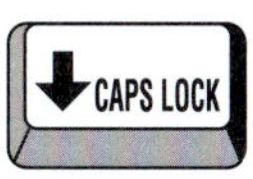

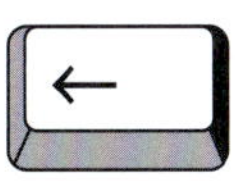

Die Rücktaste/Korrekturtaste (Backspace-Taste)
Die Rücktaste bringt den Cursor um eine Stelle nach links und löscht ein dort stehendes Zeichen. Dies ist die einfachste Fehlerkorrektur.

Die Entferntaste (Delete-/Del-Taste)
Mit ihr wird ein Zeichen an der durch den Cursor gekennzeichneten Stelle gelöscht. Die folgenden Zeichen rücken nach links.

Die Einfügetaste (Insert-/Ins-Taste)
Die Tastaturbetriebsart wird von Überschreiben auf Einfügen und umgekehrt verändert. Im Einfügemodus können Zeichen an der Cursorposition eingefügt werden.

Die Position 1-/Pos 1-Taste (Home-Taste)
Mit ihr kommt der Cursor programmabhängig an den Anfang einer Zeile, den Textanfang oder in die Befehlszeile. Diese Taste kann auch noch weitere Funktionen übernehmen.

Die Ende-Taste (End-Taste)
Mit ihr kommt der Cursor programmabhängig an das Ende einer Zeile oder des Textes. Diese Taste kann auch noch weitere Funktionen übernehmen.

Die Abbruchtaste (Esc-Taste)
Die Esc(ape)-Taste dient programmabhängig zum Abbruch von Befehlen oder Programmen. Mit ihr kommt man auch aus einem Untermenü zurück in das Hauptmenü.

1. Übung asdf und jklö

Die Grundstellung ist die Ausgangsstellung für das Tastschreiben. Tasten Sie über die Leertaste in die untere und von dort in die mittlere Buchstabentastenreihe. Der linke kleine Finger sucht die äußerste Buchstabentaste mit dem A auf. Die folgenden Finger berühren S, D und F. Der rechte Zeigefinger sucht die 3. Taste nach rechts, das J, auf. Die folgenden Finger berühren K, L und Ö. Suchen Sie die Grundstellung auf, ohne auf die Tasten zu sehen!

linke Hand

kleiner Finger auf **A**
Ringfinger auf **S**
Mittelfinger auf **D**
Zeigefinger auf **F**
Daumen über der **Leertaste**

rechte Hand

Zeigefinger auf **J**
Mittelfinger auf **K**
Ringfinger auf **L**
kleiner Finger auf **Ö**
Daumen über der **Leertaste**

Einführung

Berühren Sie die Tastatur nur leicht! Sprechen Sie vor jedem Anschlag ein »und«, dann haben Sie das richtige Tempo: und f und f und f und f und leer (Leertaste mit einem der Daumen anschlagen!) und j und j und j und j und leer.

1 ffff jjjj ffff jjjj ffff jjjj ffff jjjj ffff jjjj ffff jjjj
2 fjfj fjfj fjfj fjfj fjfj fjfj fjfj fjfj fjfj fjfj fjfj fjfj

3 dddd kkkk dddd kkkk dddd kkkk dddd kkkk dddd kkkk dddd kkkk
4 fdfd jkjk fdfd jkjk fdfd jkjk fdfd jkjk fdfd jkjk fdfd jkjk

5 ssss llll ssss llll ssss llll ssss llll ssss llll ssss llll
6 fdss jkll fdss jkll fdss jkll fdss jkll fdss jkll fdss jkll

7 aaaa öööö aaaa öööö aaaa öööö aaaa öööö aaaa öööö aaaa öööö
8 fdsa jklö fdsa jklö fdsa jklö fdsa jklö fdsa jklö fdsa jklö

Anwendung

Sie dürfen nur langsam und unbedingt im Takt schreiben. Wenn Sie Fehler machen, dann schreiben Sie zu schnell.

9 all all all das das das all all all das das das all all all
10 all das all das all das all das all das all das all das all

11 als als als lös lös lös als als als lös lös lös als als als
12 als das lös das als das lös das als das lös das als das lös

13 lad lad lad fad fad fad lad lad lad fad fad fad lad lad lad
14 lad das fad das lad das lös das als das lös das als das lös

15 all das als das lös das lad das fad das ja das öl das öl da
16 las das lös das lad das fad das all das öl das ja das öd da

Reinschrift

Schreiben Sie von jeder Zeile einen Block mit zwei fehlerfreien Zeilen! Wenn Sie einen Fehler haben, schreiben Sie die Zeile zu Ende. Schalten Sie dann zweimal. Beginnen Sie den Block von vorn!

17 all all all fall fall fall falls falls falls fall fall fall
18 all all all fall fall fall falls falls falls fall fall fall

19 ja ja ja da da da das das das als als als lös lös lös öd öd
20 ja ja ja da da da das das das als als als lös lös lös öd öd

21 kla fla klö flö kas lak fal jaf lös sal kal jak kaf fad jal
22 kla fla klö flö kas lak fal jaf lös sal kal jak kaf fad jal

23 all das als das lad das fad das all das als das lad das fad
24 all das als das lad das fad das all das als das lad das fad

25 das als all lad fad lös das als all lad fad lös das als all
26 das als all lad fad lös das als all lad fad lös das als all

Der Bildschirm – die Cursorbewegungen – Speichern – Beenden

Häufigkeitswörter

Die 66 häufigsten Wörter machen 50% aller Wörter eines Textes aus. Daher sollten Sie die Häufigkeitswörter oft und besonders gründlich üben.

27 da das ja als all falls da das ja als all falls all als das
28 da das ja als all falls da das ja als all falls all als das

Der Cursor, eine Lichtmarke, zeigt die Schreibstelle auf dem Bildschirm. An ihr kann der nächste Abdruck erfolgen. In der Abbildung links befindet sich der Cursor als orangefarbene Markierung hinter dem letzten Wort. Die genaue Position (Seite 1, Zeile 3, Spalte 19) wird am Fuß des Bildschirms angezeigt.

Cursorsprünge werden wie folgt ausgeführt:

Pos 1 = Cursor zum Zeilenanfang
Ende = Cursor zum Zeilenende
Strg + Pos 1 = Cursor zum Textanfang
Strg + Ende = Cursor zum Textende

Der Cursor wird durch die Pfeiltasten oder mit der Maus bewegt.

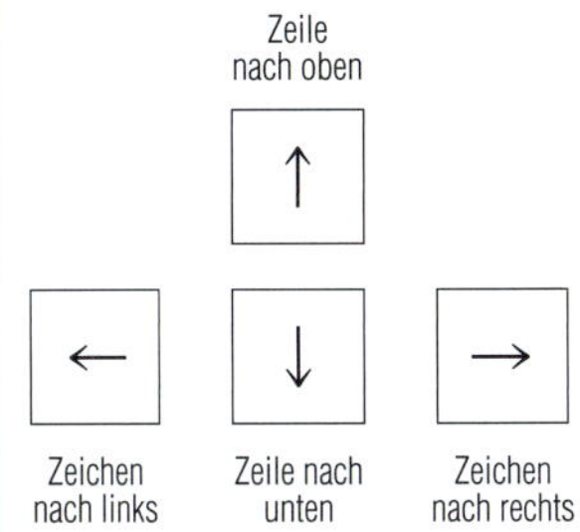

Geläufigkeitsübung

Üben Sie jede Zeile der Geläufigkeitsübungen so oft, bis Sie diese bei gleichmäßigem Anschlag ohne Stockungen flüssig schreiben können.

29 fdsa jklö fdsa jklö fdsa jklö fdsa jklö fdsa jklö fdsa jklö
30 asdf ölkj asdf ölkj asdf ölkj asdf ölkj asdf ölkj asdf ölkj

31 asdf jklö asdf jklö asdf jklö asdf jklö asdf jklö asdf jklö
32 ölkj fdsa ölkj fdsa ölkj fdsa ölkj fdsa ölkj fdsa ölkj fdsa

33 fsfs jljl fsfs jljl fsfs jljl fsfs jljl fsfs jljl fsfs jljl
34 dada kökö dada kökö dada kökö dada kökö dada kökö dada kökö

35 kla alk fla alf klö ölk flö ölf kas sak lak kal fal laf jaf
36 faj lös söl sal las kal lak jak kaj kaf fak fad daf jal laj

Cursorbewegungen

Maschinenschreiber schreiben den Text als Reinschrift ab. Computerschreiber erfassen den Text und führen dann anschließend die Cursorbewegungen von 1 nach 10 durch. Üben Sie auch die Cursorbewegungen von 10 nach 1.

37 [1]ja [2]ja das all ja ja das all ja ja das all ja ja das all als
38 ja [3]ja das all ja [4]ja das all ja ja das all ja ja das all als

39 falls falls falls das das das falls [5]das falls das falls das
40 falls falls falls das das das falls das falls das falls das

41 [6]lös lös all all das das lös all das lös all das lös all das
42 lös lös all all das das lös all das [7]lös all das lös all das

43 [8]öd lös da öd lös das ja falls das all las das lös ja das da
44 [9]öd lös da öd lös das ja falls das all las das lös ja das da[10]

Speichern eines Dokuments:

1. Klicken Sie auf **Datei** und anschließend auf den Befehl **Speichern unter**. Daraufhin öffnet sich ein Fenster.
2. Wählen Sie einen Speicherplatz (Ordner) aus, an dem Sie Ihr Dokument speichern möchten.
3. Geben Sie unter **Dateiname** den gewünschten Namen des Dokuments ein und dann klicken Sie auf **Speichern**, um den Vorgang abzuschließen.

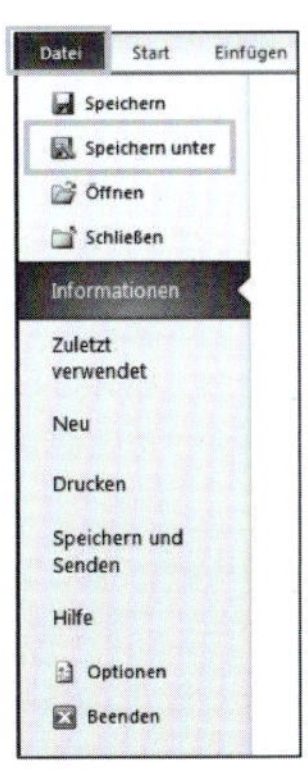

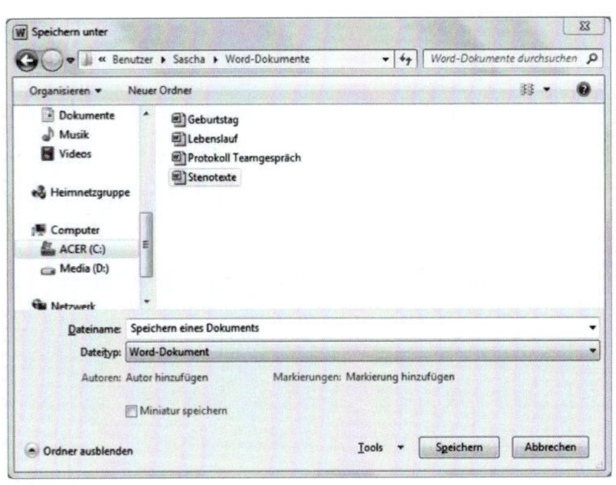

Beenden der Arbeit:

Wählen Sie im Menü **Datei** den Befehl **Beenden**. Falls Sie das Dokument nach dem letzten Speichern verändert haben, werden Sie gefragt: »Möchten Sie die am Dokumentennamen vorgenommenen Änderungen speichern?« Bestätigen Sie erforderlichenfalls mit Ja oder Nein. Vergleichen Sie dazu die oben angegebenen Schritte.

2. Übung e und i

<<< **Wiederholung** ***Laden/Öffnen einer Datei:*** Wollen Sie einen gespeicherten Text bearbeiten, muss dieser in den Arbeitsspeicher geladen werden. Wählen Sie im Menü ***Datei – Öffnen*** oder klicken Sie auf:

1 fdsa jklö fdsa jklö asdf ölkj asdf ölkj fsfs jljl dada kökö
2 all als las lös lad fad fall falls ja da das öd öl ja falls

Einführung

Schreiben Sie von den Zeilen 3 bis 8 zunächst die linken Texte bis zur Trennungslinie. Der Text geht zweimal in eine Zeile. Dann erst schreiben Sie die rechten Texte. Als Hausaufgabe schreiben Sie so, als wäre die Trennungslinie nicht vorhanden.

Mittelfinger links vom **d** zum **e** und zurück = **ded** | Mittelfinger rechts vom **k** zum **i** und zurück = **kik**

3 ddd ded ded ded ede ede ede e | kkk kik kik kik iki iki iki i
4 deda deds dedf deda deds dedf | kikö kikl kikj kikö kikl kikj

5 d des sel del lek kel eke led | k kil kis kid kif sil lil ill
6 e sek les els elf kle fle ses | i die sie sei eil lie lei fie

7 je je jed jed jede jede jedes | di di die die dies dies diese
8 ed ed ede ede edel edel edles | li li lie lie lief lief liefe

Anwendung

9 ade ade ade öde öde öde die die die sie sie sie sei sei sei
10 ade ade öde öde die die sie sie sei sei ade ade öde öde die
11 ade öde die sie sei ade öde die sie sei ade öde die sie sei

12 edel edel edel lief lief lief fade fade fade fiel fiel fiel
13 edel edel lief lief fade fade fiel fiel edel edel lief lief
14 edel lief fade fiel edel lief fade fiel edel lief fade fiel

15 edles edles edles leise leise leise fasse fasse fasse diese
16 edles edles leise leise fasse fasse diese diese edles edles
17 edles leise fasse diese edles leise fasse diese edles leise

18 diese diese diese alles alles alles feile feile feile fiele
19 diese diese alles alles feile feile fiele fiele diese diese
20 diese alles feile fiele diese alles feile fiele diese alles

Reinschrift

Schreiben Sie von jeder Zeile einen Block mit drei fehlerfreien Zeilen! Wenn Sie einen Fehler haben, schreiben Sie die Zeile zu Ende. Schalten Sie dann zweimal. Beginnen Sie den Block von vorn!

21 die dies diese dieses dieses diese dies die dies diese dies
22 die dies diese dieses dieses diese dies die dies diese dies
23 die dies diese dieses dieses diese dies die dies diese dies

24 lies lies lies leis leis leis feile feile feile fiele fiele
25 lies lies leis leis lies leis feile feile fiele fiele feile
26 lies leis lies leis lies leis feile fiele feile fiele feile

27 öde öle die sie sei edel lief fade fiel edles leise ade öde
28 edles leise fasse lasse alles edel lief fade esse fiel dies
29 diese alles feile fiele diese alles feile fiele diese alles

Schließen einer Datei: Bevor Sie neuen Text eingeben, löschen Sie den Bildschirm. Im Menü ***Datei – Schließen*** anklicken.

Das Komma – Korrektur durch Überschreiben

Häufigkeitswörter

Die 66 häufigsten Wörter machen 50 % aller Wörter eines Textes aus. Daher sollten Sie die Häufigkeitswörter oft und besonders gründlich üben.

```
30 da das ja als all falls da das ja als all falls all als das
31 es des je alle alles die sie sei dies diese dieses es alles
```

Durch Überschreiben werden falsche Zeichen gelöscht und durch richtige ersetzt. Bei Word ist der Einfügemodus die Standardeinstellung. Der Überschreibmodus muss erst durch Doppelklick auf ÜB in der Statusleiste eingeschaltet werden.

Ob sich Ihr Textverarbeitungsprogramm im Überschreib- oder im Einfügemodus befindet, können Sie rasch feststellen. – Schreiben Sie das Wort **»lies«**. Führen Sie den Cursor auf das »s«. Geben Sie ein »f« ein. Ergibt sich das Wort **»lief«**, dann arbeitet Ihr Programm im Überschreibmodus (»s« wurde mit »f« überschrieben, aus »lies« wurde »lief«). Ergibt sich aber das Wort **»liefs«**, dann arbeitet Ihr Programm im Einfügemodus (zwischen »e« und »s« wurde ein »f« eingefügt, aus »lies« wurde »liefs«). **ÜB** = Überschreibmodus ÜB = Einfügemodus
Durch Doppelklick auf **ÜB** wird von einem in den anderen Modus umgeschaltet.

Bei Word 2007/2010 erfolgt die Umschaltung mit der **Einfg**-Taste. Zuvor muss einmalig folgende Option gewählt werden: **Datei – Optionen – Erweitert – EINFG-Taste zum Steuern des Überschreibmodus** verwenden.

Korrektur durch Überschreiben

Aus **f**asse wird lasse

1. Führen Sie den Cursor vor das »f« von »fasse«.
2. Schalten Sie erforderlichenfalls erst vom Einfüge- in den Überschreibmodus um.
3. Schlagen Sie ein »l« an.

Einführung des Kommas

Mittelfinger rechts vom **k** zum **,** und zurück = **k,k** **Regel:** Das Komma folgt dem Wort ohne Leerschritt.

```
32 kikö k,kö kikö k,kö kikö k,kö kikö k,kö kikö k,kö kikö k,kö
33 k,kö k,kl k,kj k,kf k,kd k,ks k,ka a,kö s,kö d,kö f,kö k,kö

34 sei edel, sei edel, sei edel, sei edel, sei edel, sei edel,
35 sie lief, sie lief, sie lief, sie lief, sie lief, sie lief,

36 sei leis, sei leis, sei leis, sei leis, sei leis, sei leis,
37 sie eile, sie eile, sie eile, sie eile, sie eile, sie eile,
```

Anwendung

```
38 lies leise, lies leise, lies leise, lies leise, lies leise,
39 dies alles, dies alles, dies alles, dies alles, dies alles,
40 lies leise, dies alles, lies leise, dies alles, lies leise,

41 lies dies alles leis, dies alles lies leis, lies dies leis,
42 lies dies alles leis, dies alles lies leis, lies dies leis,
43 lies dies alles leis, dies alles lies leis, lies dies leis,

44 es sei, es sei ideal, es sei alles ideal, löse alles ideal,
45 es sei, es sei ideal, es sei alles ideal, löse alles ideal,
46 es sei, es sei ideal, es sei alles ideal, löse alles ideal,

47 öle dies, fasse dies, löse alles, sie eile, das lief ideal,
48 öle dies, fasse dies, löse alles, sie eile, das lief ideal,
49 öle dies, fasse dies, löse alles, sie eile, das lief ideal,
```

Überschreiben

Maschinenschreiber schreiben den Text als Reinschrift ab. Computerschreiber erfassen zunächst den gesamten Text und korrigieren erst anschließend.

```
50 fasse, fasse es, fasse dies, lasse alles, lasse dies alles,
51 lasse, lasse es, lasse dies, fasse alles, fasse dies alles,

52 lies dies alles leis, dies alles lies leis, lies dies leis,
53 dies lies alles leis, dies alles lief leis, dies lies leis,

54 lasse, lasse es, lasse dies, fasse alles, fasse dies alles,
55 fasse, fasse es, fasse dies, lasse alles, lasse dies alles,

56 dies lies alles leis, dies alles lief leis, dies lies leis,
57 lies dies alles leis, dies alles lies leis, lies dies leis,
```

Aufgabe: Korrigieren Sie, dass aus den Zeilen 50, 52, 54 und 56 die Zeilen 51, 53, 55 und 57 entstehen.

3. Übung r und u

<<< Wiederholung

1 lies dies alles leis, dies alles lies leis, lies dies leis,
2 öle dies, fasse dies, löse alles, sie eile, das lief ideal,

Einführung

Schreiben Sie von den Zeilen 3 bis 8 zunächst die linken Texte bis zur Trennungslinie. Der Text geht zweimal in eine Zeile. Dann erst schreiben Sie die rechten Texte. Als Hausaufgabe schreiben Sie so, als wäre die Trennungslinie nicht vorhanden.

	Zeigefinger links vom **f** zum **r** und zurück = **frf**	Zeigefinger rechts vom **j** zum **u** und zurück = **juj**
3	fff frf frf frf rfr rfr rfr r	jjj juj juj juj uju uju uju u
4	frfa frfs frfd frfa frfs frfd	jujö jujl jujk jujö jujl jujk
5	r ral rak ras raf rad rar rer	u sur dur fur jur kur lur rur
6	f fra ard ars erl erk ers ser	j jul juk juf jud jus ulf ulk
7	fr fr fre fre frei frei freie	au au kau kau kauf kauf kaufe
8	ra ra raf raf raff raff raffe	au au auf auf lauf lauf laufe

Anwendung

9 frei frei frei darf darf darf lauf lauf lauf kauf kauf kauf
10 frei frei darf darf lauf lauf kauf kauf frei frei darf darf
11 frei darf lauf kauf frei darf lauf kauf frei darf lauf kauf

12 laufe laufe laufe kaufe kaufe kaufe raufe raufe raufe saufe
13 laufe laufe kaufe kaufe raufe raufe saufe saufe laufe laufe
14 laufe kaufe raufe saufe laufe kaufe raufe saufe laufe kaufe

15 freue freue freue freie freie freie jeder jeder jeder reise
16 freue freue freie freie jeder jeder reise reise freue freue
17 freue freie jeder reise freue freie jeder reise freue freie

18 reise, reise aus, reise frei, reise frei aus, er reise aus,
19 laufe, laufe aus, laufe frei, laufe frei aus, er laufe aus,
20 reise, laufe aus, reise frei, laufe frei aus, er reise aus,

Reinschrift

21 er kaufe es, rufe das aus, er rede klar, sie lief leer aus,
22 er kaufe es, rufe das aus, er rede klar, sie lief leer aus,
23 er kaufe es, rufe das aus, er rede klar, sie lief leer aus,

24 rufe es aus, kaufe es auf, rufe das aus, sie lief frei aus,
25 rufe es aus, kaufe es auf, rufe das aus, sie lief frei aus,
26 rufe es aus, kaufe es auf, rufe das aus, sie lief frei aus,

27 er laufe aus, fasse es auf, er kassiere alles, rufe es auf,
28 sie rief aus, rede das aus, sie rede klar aus, kaufe alles,
29 er laufe aus, sie rief aus, er kassiere alles, er lief aus,

Löschen mit der Korrekturtaste

Häufigkeitswörter

30 es des je alle alles die sie sei dies diese dieses es alles
31 er der dar dir auf aus du aller drei rede jeder darauf frei

Für das Löschen von Zeichen gibt es verschiedene Möglichkeiten

Merken Sie einen Fehler sofort nach dem Anschlag, so bedienen Sie die Korrekturtaste (Backspace-Taste). Das Zeichen links neben dem Cursor wird gelöscht. Durch ständiges Niederdrücken der Korrekturtaste können natürlich auch mehrere Schriftzeichen nacheinander gelöscht werden.

Merken Sie einen Fehler erst später, so können Sie durch einfaches Überschreiben den Fehler beseitigen. Auch wenn Wörter mit gleicher Anschlagszahl zu korrigieren sind, kann man den Fehler durch Überschreiben berichtigen. Der Überschreibmodus muss eingeschaltet sein.

Sofortkorrektur mit der Korrekturtaste ⟵

Aus `jeder←` wird `jede`

1. Führen Sie den Cursor hinter das »r« von »jeder«.
2. Betätigen Sie die Korrekturtaste (Backspace-Taste), erforderlichenfalls auch mehrmals.

Geläufigkeitsübung **Schreiben Sie gleichmäßig!**

32 frei frei frei freie freier freies freier freies frei freie
33 frei frei frei freie freier freies freier freies frei freie

34 ruf rufe reif reife reifer reifes reifer reiferes rufe reif
35 ruf rufe reif reife reifer reifes reifer reiferes rufe reif

36 da dar daraus darauf da dar daraus darauf da dar daraus dar
37 da dar daraus darauf da dar daraus darauf da dar daraus dar

Vertiefung

38 rufe auf, jeder rufe auf, jeder rufe das auf, sie rief auf,
39 rufe auf, jeder rufe auf, jeder rufe das auf, sie rief auf,
40 rufe auf, jeder rufe auf, jeder rufe das auf, sie rief auf,

41 dar, dar, darauf, darauf, daraus, daraus, dar, dar, darauf,
42 dar, dar, darauf, darauf, daraus, daraus, dar, dar, darauf,
43 dar, dar, darauf, darauf, daraus, daraus, dar, dar, darauf,

44 rufe aus, er darf es, jeder rufe es frei aus, rufe das aus,
45 rufe aus, er darf es, jeder rufe es frei aus, rufe das aus,
46 rufe aus, er darf es, jeder rufe es frei aus, rufe das aus,

47 laufe aus, laufe frei aus, sauer, sie sei sauer, ködere es,
48 laufe aus, laufe frei aus, sauer, sie sei sauer, ködere es,
49 laufe aus, laufe frei aus, sauer, sie sei sauer, ködere es,

Löschen mit der Korrekturtaste

Maschinenschreiber schreiben den Text als Reinschrift. Computerschreiber erfassen den Text und löschen *sofort* die überflüssigen Buchstaben.

50 jeder←rede frei, er kaufe←es, rufe←es auf, er kassiere das,← 4x
51 jeder←rede frei, er kaufe←es, rufe←es auf, er kassiere das,← 4x

52 kaufe←das, jeder kaufe←das, jeder kaufe←das auf, kaufe auf,← 4x
53 kaufe←das, jeder kaufe←das, jeder kaufe←das auf, kaufe auf,← 4x

54 reife←aus, jeder laufe←aus, jeder kaufe←das auf, reife aus,← 4x
55 reife←aus, jeder laufe←aus, jeder kaufe←das auf, reife aus,← 4x

56 liefere, liefere←aus, liefere←das aus, liefere←es leer aus,← 4x
57 liefere, liefere←aus, liefere←das aus, liefere←es leer aus,← 4x

Fragen: **Wann kann ein Fehler überschrieben werden? Wann muss die Korrektur mit der Korrekturtaste durchgeführt werden?**

4. Übung g und h

<<< Wiederholung

1 er kaufe es, rufe das aus, er rede klar, sie lief leer aus,
2 rufe es aus, kaufe es auf, rufe das aus, sie lief frei aus,

Einführung

Zeigefinger links vom **f** zum **g** und zurück = **fgf**	Zeigefinger rechts vom **j** zum **h** und zurück = **jhj**
3 fff fgf fgf fgf gfg gfg gfg g	jjj jhj jhj jhj hjh hjh hjh h
4 fgfa fgfs fgfd fgfa fgfs fgfd	jhjö jhjl jhjk jhjö jhjl jhjk
5 g gal gaf gak leg lag eig lig	h hal has hel hie sah ieh uhr
6 g gil ger gri ilg reg gus sug	h her reh ehr har rah hil lih
7 ag ag lag lag lage lage lagre	he he hel hel helf helf helfe
8 rg rg arg arg arge arge karge	ih ih ihr ihr ihre ihre ihres

Anwendung

9 klag klag klag höre höre höre jage jage jage kahl kahl kahl
10 klag klag höre höre jage jage kahl kahl klag klag höre höre
11 klag höre jage kahl klag höre jage kahl klag höre jage kahl

12 sage ihre grau heil sage ihre grau heil sage ihre grau heil
13 fege sehr gehe hege fege sehr gehe hege fege sehr gehe hege
14 hell hier lege sieh hell hier rege sieh hell hier lege sieh

15 sage ihre grau heil fege sehr gehe hege hell hier lege sieh
16 fege lege rege gehe hege hell hier sieh ihre sehr ölig feig
17 heil grau ihre sage hier rege sieh jage kahl höre rege hege

18 sauge gierig auf, er rufe freudig aus, gehe aus dir heraus,
19 das sah grau aus, fege alles hier auf, sie griff das ruhig,
20 lege es hier aus, heile dies hier aus, greife das hier auf,

Reinschrift

21 leihe das aus, leihe es eilig aus, leihe es sehr eilig aus,
22 leihe das aus, leihe es eilig aus, leihe es sehr eilig aus,
23 leihe das aus, leihe es eilig aus, leihe es sehr eilig aus,

24 gehe ruhig, hege dies, sage aus, gehe auf, es sah grau aus,
25 gehe ruhig, hege dies, sage aus, gehe auf, es sah grau aus,
26 gehe ruhig, hege dies, sage aus, gehe auf, es sah grau aus,

27 leihe das aus, leihe es ruhig aus, leihe es ruhig hier aus,
28 sage dies auf, sage das ruhig auf, sage das hier ruhig auf,
29 heile das aus, heile es ruhig aus, heile es hier ruhig aus,

Löschen mit der Entferntaste

Häufigkeitswörter

30 er der dar dir auf aus du aller drei rede jeder darauf frei
31 ihr ihre ihrer lege frage sage her sehr gar hierher freudig

Korrigieren mit der Entferntaste müssen Sie immer dann, wenn sich beim Schreiben ein Schriftzeichen oder auch mehrere zu viel eingeschlichen haben.

Merken Sie den Fehler sofort, so können Sie ihn selbstverständlich mit der Korrekturtaste beseitigen.

Merken Sie einen Fehler erst später, so hilft Ihnen die **Entf**erntaste das bzw. die überflüssigen Schriftzeichen zu beseitigen. Dazu wird der Cursor vor die betreffende Stelle gebracht und die Taste **Entf** betätigt. Das durch den Cursor gekennzeichnete Zeichen ist gelöscht. Die Entferntaste kann auch mit **DEL** (deleatur = tilgen) gekennzeichnet sein.

Korrekturen mit der Entferntaste

Aus gerade wird grade

1. Cursor vor »e« stellen.
2. Entferntaste betätigen.

Entf bzw. **DEL**

Geläufigkeitsübung

32 griff griffig griffige griffiger griffigeres griffige griff
33 griff griffig griffige griffiger griffigeres griffige griff

34 helle heller hellere hellerer helleres hellhörig hellhaarig
35 helle heller hellere hellerer helleres hellhörig hellhaarig

36 heil heile heilig heilige heiliger heiliges heiliger heilig
37 heil heile heilig heilige heiliger heiliges heiliger heilig

Vertiefung

38 sie fuhr geradeaus, sie fuhr geradeaus, sie fuhr geradeaus,
39 greife es hier auf, greife es hier auf, greife es hier auf,
40 sie sei sehr ruhig, sie sei sehr ruhig, sie sei sehr ruhig,

41 sie fuhr geradeaus, greife es hier auf, sie sei sehr ruhig,
42 greife es hier auf, sie sei sehr ruhig, sie fuhr geradeaus,
43 sie sei sehr ruhig, sie fuhr geradeaus, greife es hier auf,

44 sei klug, seid klug, seid sehr klug, er löse das sehr klug,
45 sie half, hilf sehr, hilf ihr eilig, es half ihr dies sehr,
46 sie gehe, gehe hier, sie gehe eilig, alles gehe sehr eilig,

47 erledige es, erledige es hier, erledige alles sehr freudig,
48 es sei ölig, es sei sehr ölig, es sei hier alles sehr ölig,
49 erfahre das, er erfahre alles, erfahre es alles sehr ruhig,

Löschen mit der Entferntaste

Maschinenschreiber schreiben den Text als Reinschrift. Computerschreiber erfassen den Text und führen erst anschließend die Korrekturen aus.

50 gerade, geradeaus, er fuhr geradeaus, alles fuhr geradeaus,
51 gerade, geradeaus, er fuhr geradeaus, alles fuhr geradeaus,

52 regele es, regele alles, regele dies alles, regele es hier,
53 regele es, regele alles, regele dies alles, regele es hier,

54 sauge alles, sauge dies, sauge alles auf, sauge dies alles,
55 sauge alles, sauge dies, sauge alles auf, sauge dies alles,

56 heilig, sehr heilig, ergreife es freudig, sie half ihr aus,
57 heilig, sehr heilig, ergreife es freudig, sie half ihr aus,

Aufgabe: Löschen Sie mit der Entferntaste (Entf) bzw. der Delete-Taste (Del) die orange unterlegten Buchstaben.

5. Übung v und m

<<< Wiederholung

1 sage dies auf, sage das ruhig auf, sage das hier ruhig auf,
2 heile das aus, heile es ruhig aus, heile es hier ruhig aus,

Einführung

Zeigefinger links vom **f** zum **v** und zurück = **fvf** | Zeigefinger rechts vom **j** zum **m** und zurück = **jmj**

3 fff fvf fvf fvf vfv vfv vfv v | jjj jmj jmj jmj mjm mjm mjm m
4 fvfa fvfs fvfd fvfa fvfs fvfd | jmjö jmjl jmjk jmjö jmjl jmjk

5 v vie ver ave eva rav ive var | m mal mul mus mir dem kam kum
6 v iev völ vul luv kuv viv dav | m rum mum lum ilm mil sam mak

7 vi vi vie vie viel viel viele | me me meh meh mehr mehr mehre
8 ve ve rve rve urve urve kurve | em em lem lem llem llem allem

Anwendung

9 viel viel viel mehr mehr mehr vier vier vier mild mild mild
10 viel viel mehr mehr vier vier mild mild viel viel mehr mehr
11 viel mehr vier mild viel mehr vier mild viel mehr vier mild

12 merke ihrem immer viele merke ihrem immer viele merke ihrem
13 meide allem melde darum meide allem melde darum meide allem
14 merke ihrem immer viele meide allem melde darum merke ihrem

15 verleihe, verkaufe, verliere, verleihe, verkaufe, verliere,
16 verfasse, vermeide, verklage, verfasse, vermeide, verklage,
17 verleihe, verkaufe, verliere, verfasse, vermeide, verklage,

18 er mag viel, dreimal mehr, immer viel mehr, verlege es ihm,
19 verfasse es, verlasse sie, vermeide völlig, vermerke alles,
20 kurve herum, er verlas es, sie vermag viel, kehre immer um,

Reinschrift

21 verkaufe ihm viel, verkaufe ihm viel mehr, verkaufe es ihm,
22 verleihe ihm viel, verleihe ihm viel mehr, verleihe es ihm,
23 vermerke ihm viel, vermerke ihm viel mehr, vermerke es ihm,

24 vermeide es immer, vermehre alles dreimal, kehre immer aus,
25 vermerke es immer, vermerke alles dreimal, fahre immer aus,
26 verkaufe es immer, verkaufe alles dreimal, laufe immer aus,

27 sie mag es, sie vermag es, er vermag viel, sie vermag mehr,
28 sie kam um, verkaufe viel, vermisse alles, verleihe es ihm,
29 meide dies, vermisse viel, vermeide immer, vermerke es ihm,

Der Punkt – Markieren von Texten – Löschen

Häufigkeitswörter

30 ihr ihre ihrer lege frage sage her sehr gar hierher freudig
31 um im am kam ihm mal immer ihrem diesem vier viele vielmehr

Durch Markieren wird bei Word das Löschen vorbereitet. Durch Doppelklicken auf ein Wort wird dieses markiert. Zieht man mit gedrückter Taste über einen Text, kann man beliebig viele Zeichen markieren. Will man eine Zeile markieren, so bringt man den Mauszeiger am linken Rand in die Spalte neben dem Text und klickt mit der Maus. Mit gedrückter Maustaste kann man über beliebig viele Zeilen ziehen und diese markieren. Markierte Texte löscht man mit der Taste **Entf**.

Alternativ:

2x **F8** = Wort markieren, 3x **F8** = Satz markieren,
4x **F8** = Absatz markieren, 5x **F8** = markiert ges. Text.

Mit einem Klick außerhalb der Markierung wird die Markierung wieder aufgehoben.

Mit einmal **F8** kann im Erweiterungsmodus markiert werden. Die Statuszeile zeigt **ERW** (erweitern) an. Mit den Pfeiltasten wird die Markierung erweitert. **Esc** schaltet den Erweiterungsmodus aus.

Das Löschen von Text

versage ihm viel

1. Bringen Sie den Cursor in das zu löschende Wort und markieren Sie dieses.
2. Löschen Sie das Wort mit der Entferntaste **Entf**.
3. Auf gleiche Weise löschen Sie Zeilen, Absätze usw.

Einführung des Punktes

Ringfinger rechts vom **l** zum **.** und zurück = **l.l**

Regel: Der Punkt folgt dem Wort ohne Leerschritt.

32 jmjö k,kö l.lö jmjö k,kö l.lö jmjö k,kö l.lö jmjö k,kö l.lö
33 l.lö l.lk l.lj l.lö l.lk l.lj l.lö l.lk l.lj l.lö l.lk l.lj

34 mal. mal. mal. mir. mir. mir. ihm. ihm. ihm. kam. kam. kam.
35 mal. mir. ihm. kam. mal. mir. ihm. kam. mal. mir. ihm. kam.

36 verkaufe viel. verkaufe viel mehr. verkaufe ihm immer mehr.
37 vermerke dies. vermerke viel mehr. vermerke ihm immer mehr.

Anwendung

38 male viel. male viel mehr. male sehr viel. male immer viel.
39 sage viel. versage es ihm. versage es mir. versage es hier.
40 meide das. vermeide alles. er vermeide es. vermeide dieses.

41 vermerke es. vermerke es immer. vermerke dies aufmerksamer.
42 verkaufe es. versage viel mehr. sie vermeide es immer mehr.
43 verleihe es. vermehre es immer. hilf ihm hier vielmals aus.

44 verkaufe es. versage viel mehr. sie vermeide es immer mehr.
45 vermerke es. vermehre es immer. hilf ihm hier vielmals aus.
46 verleihe es. vermerke es immer. vermerke dies aufmerksamer.

47 vier, viermal, viermalig, viermalige, viermaliges, viermal.
48 mehr, mehrere, mehrmalig, mehrmalige, mehrmaliges, mehrmal.
49 viel, vielmal, vielmalig, vielmalige, vielmaliges, vielmal.

Löschen von Wörtern und Zeilen

Maschinenschreiber schreiben den Text als Reinschrift. Computerschreiber erfassen zunächst den unkorrigierten Text.

50 versage ~~es~~ ihm, vermehre ~~alles~~ vielmals, verkaufe ~~ihm~~ dies,
51 versage ~~es~~ ihm, vermehre ~~alles~~ vielmals, verkaufe ~~ihm~~ dies,

52 ~~völlig~~ klar, völlig ruhig, ~~immer~~ völlig ruhig, völlig klar,
53 vermeide ~~es~~, vermeide das, vermeide es ~~völlig~~, vermeide ~~es~~,

54 ~~er~~ verlas viel, er verlas immer ~~viel~~, immer verlas er ~~viel~~,
55 ~~er~~ vermied das, er vermied ~~das~~ alles, das ~~alles~~ vermied er,

56 ~~sei~~ aufmerksam, ~~sei~~ immer aufmerksam, seid ~~sehr~~ aufmerksam,
57 vermerke ~~alles~~, vermerke ~~es~~ vielmals, vermerke es ~~ihm~~ sehr,

Aufgabe: Löschen Sie die durchgestrichenen Wörter, die Zeilen 51 und 53, den letzten Absatz, den ganzen Text, den Bildschirm.

6. Übung t und n

<<< Wiederholung

1 verkaufe ihm viel, vermehre alles dreimal, verkaufe es ihm.
2 vermeide es immer, verkaufe ihm viel mehr, kehre immer aus.

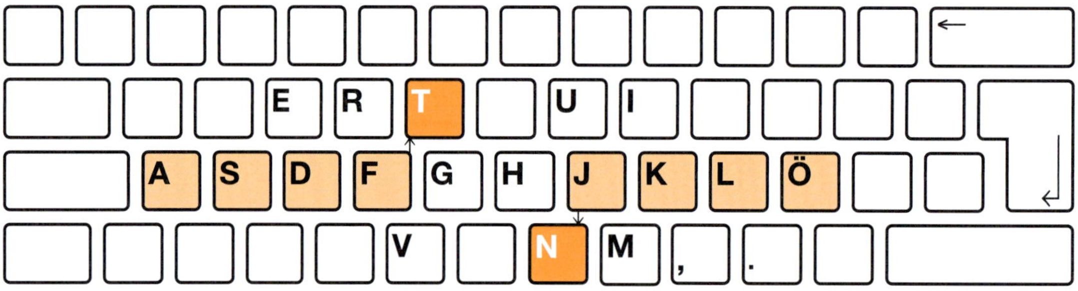

Einführung

Der Griff zum t in die obere Buchstabentastenreihe wird bewusst mit dem Griff zum n in die untere Buchstabentastenreihe eingeführt, denn die Entfernungen sind gleich. Das beugt Fehlgriffen vor. Vergleiche Griffe zu t und z.

Zeigefinger links vom **f** zum **t** und zurück = **ftf**

Zeigefinger rechts vom **j** zum **n** und zurück = **jnj**

3 fff ftf ftf ftf tft tft tft t | jjj jnj jnj jnj njn njn njn n
4 ftfa ftfs ftfd ftfa ftfs ftfd | jnjö jnjl jnjk jnjö jnjl jnjk

5 t tar rat ter ert tur urt aft | n nun nur num nie lin kin nil
6 t tiv tav tas sat dat tal lat | n mun ene ner ren ans nad and

7 te te tei tei teil teil teile | ne ne nen nen nenn nenn nenne
8 lt lt ilt ilt eilt eilt eilte | en en den den nden nden enden

Anwendung

9 tief tief tief nahe nahe nahe tief tief tief nahe nahe nahe
10 tief tief nahe nahe tief tief nahe nahe tief tief nahe nahe
11 tief nahe tief nahe tief nahe tief nahe tief nahe tief nahe

12 nehmen lassen können stehen nehmen lassen können stehen und
13 dessen steige runden einmal dessen steige runden einmal nun
14 stellt nennen treten finden andere ersten nahmen hatten nun

15 er stellte ihn ein, sie steigen hurtig, sie kann mitfahren.
16 sie kann auftreten, ihn just ermuntern, man kann vertrauen.
17 er stellte ihn ein, sie kann auftreten, sie steigen hurtig.

18 nehmen annehmen aufnehmen einnehmen nimmt vernimmt vernehmt
19 stehen anstehen aufstehen einstehen steht verstehe versteht
20 teilen verteile austeilen einteilen teile verteile verteilt

Reinschrift

21 sie kann aufstehen, er könnte einsehen, sie verlangte viel.
22 sie kann mitfahren, sie kann aufstehen, er könnte einsehen.
23 sie verlangte viel, sie kann mitfahren, sie kann aufstehen.

24 alle finden es gut, er stellte ihn ein, sie kann auftreten.
25 er stellte ihn ein, sie kann auftreten, alle finden es gut.
26 sie kann auftreten, alle finden es gut, er stellte ihn ein.

27 aneinander geraten, nunmehr eingeteilt, nimmermehr ansehen.
28 alle verstanden es, einander aufnehmen, sie trugen es gern.
29 nunmehr eingesehen, nie mehr mitfahren, alle verstanden es.

Einfügen von Zeichen

Häufigkeitswörter

30 den ein man ihn uns hin und nie hat gut tat tut mit ist tun
31 sind denn dann fand erst sagt nahm fest trag geht rund lang

Schriftzeichen einfügen müssen Sie immer dann, wenn ein oder mehrere Schriftzeichen vergessen wurden. Am Computer können Schriftzeichen, Wörter, Sätze und Texte und natürlich auch Leerzeichen ohne Weiteres nachträglich eingefügt werden.

Erforderlich ist, dass Ihr Textverarbeitungsprogramm im Einfügemodus arbeitet. Ist dieser eingeschaltet, werden keine Zeichen mehr überschrieben, sondern es werden alle neu eingegebenen Zeichen vor der momentanen Cursorposition eingefügt. Der restliche Text rückt nach rechts.

Der Einfügemodus bleibt eingeschaltet, bis Sie wieder auf den Überschreibmodus umschalten. Bei Word ist der Einfügemodus die Standardeinstellung.

Zeichen einfügen

Aus `tagen` wird `tagten`

1. Cursor an die Einfügestelle vor »e« bringen.
2. Der Einfügemodus muss erforderlichenfalls eingeschaltet werden.
3. Fehlendes »t« einfügen.

Geläufigkeitsübung

32 alt alte alter altes altem alten altern altklug altvertraut
33 alt alte alter altes altem alten altern altklug altvertraut

34 mein meine meiner meines meinem meinen deinen seinem keines
35 mein meine meiner meines meinem meinen deinen seinem keines

36 treten antreten auftreten vertreten tritt auftritt eintritt
37 treten antreten auftreten vertreten tritt auftritt eintritt

Vertiefung

38 miteinander fahren, aufeinander stehen, aneinander stellen.
39 aufeinander stehen, aneinander stellen, miteinander fahren.
40 aneinander stellen, miteinander fahren, aufeinander stehen.

41 sie kann es öffnen, er könnte es öfter, er sagte alles auf.
42 er könnte es öfter, er sagte alles auf, sie kann es öffnen.
43 er sagte alles auf, sie kann es öffnen, er könnte es öfter.

44 dann fand er alles, er findet alle gut, sie lernte es stur.
45 er findet alle gut, sie lernte es stur, dann fand er alles.
46 sie lernte es stur, dann fand er alles, er findet alle gut.

47 er könnte einsehen, sie verlangte viel, sie kann aufstehen.
48 alle finden es gut, er stellte ihn ein, sie kann mitfahren.
49 nunmehr eingeteilt, nimmermehr ansehen, aneinander geraten.

Einfügen von Zeichen

Maschinenschreiber schreiben die ***geraden*** Zeilen je zweimal. Computerschreiber erfassen den Text und ändern dann die Zeilen 51, 53, 55 und 57, dass Zeilen in der Bedeutung von 50, 52, 54 und 56 entstehen. Alle Zeilen sind wieder gleich lang.

50 sie tagten gern, sie lernten alles gut, alle stellten fest.
51 sie tagen gern, sie lernen alles gut, alle stellen fest.

52 sie taugten kaum, sie sagte es auf, sie lernten alles stur.
53 sie taugen kaum, sie sage es auf, sie lernen alles stur.

54 sie verlernte das nie, das ist sehr ungenau, vernehme dies.
55 sie lernte das nie, das ist sehr genau, nehme dies.

56 er fahndete, er verlangte es, er hat es nunmehr eingesehen.
57 er fahndet, er verlangt es, er hat es nun eingesehen.

Aufgabe: Fügen Sie zwischen den Zeilen 50/51 Zeile 52, zwischen 52/53 Zeile 50 und zwischen 54/55 Zeile 56 ein.

7. Übung **b und z**

<<< Wiederholung

1 sie kann mitfahren, alle finden es gut, er stellte ihn ein.
2 aneinander geraten, nunmehr eingeteilt, nimmermehr ansehen.

Einführung

Zeigefinger links vom **f** zum **b** und zurück = **fbf**

Zeigefinger rechts vom **j** zum **z** und zurück = **jzj**

3 fff fbf fbf fbf bfb bfb bfb b | jjj jzj jzj jzj zjz zjz zjz z
4 fbfa fbfs fbfd fbfa fbfs fbfd | jzjö jzjl jzjk jzjö jzjl jzjk

5 b bas sab ber reb bur rub bra | z zer zur zar zil zag liz zei
6 b bar rab bes seb bus sub bab | z eiz etz itz arz zah haz atz

7 bl bl ble ble blei blei bleib | ze ze zei zei zeig zeig zeigt
8 lb lb elb elb gelb gelb gelbe | tz tz tzt tzt etzt etzt jetzt

Anwendung

9 bald bald bald zeig zeig zeig bald bald bald zeig zeig zeig
10 bald bald zeig zeig bald bald zeig zeig bald bald zeig zeig
11 bald zeig bald zeig bald zeig bald zeig bald zeig bald zeig

12 zugelegt zugehörig zugesagt zugelaufen zugesehen zuzuziehen
13 beilegen beidrehen beigeben beibringen beistehen beistimmen
14 zugelegt beidrehen zugesagt beibringen zugesehen beistimmen

15 zerstört, zerzaust, zersetzt, zerstört, zerzaust, zersetzt.
16 benehmen, beziehen, bezahlen, belaufen, bereitet, besagten.
17 zerstört, benehmen, zerzaust, zersetzt, bezahlen, belaufen.

18 arbeite aufmerksam, kaufe billiger ein, zahle alles in bar.
19 zeige es bitte her, zahle gut und gern, zusammen festlegen.
20 kaufe billiger ein, arbeite aufmerksam, zahle alles in bar.

Reinschrift

21 bezahle dies jetzt, sie verletzten ihn, bis zuletzt zögern.
22 sie verletzten ihn, bis zuletzt zögern, bezahle dies jetzt.
23 bis zuletzt zögern, bezahle dies jetzt, sie verletzten ihn.

24 er verzögerte sehr, bis zuletzt gehört, beizeiten bezahlen.
25 bis zuletzt gehört, beizeiten bezahlen, er verzögerte sehr.
26 beizeiten bezahlen, er verzögerte sehr, bis zuletzt gehört.

27 arbeite immer gern, zuerst aufbereitet, zuletzt eingesetzt.
28 zuletzt aufgegeben, zusammen gezittert, beizeiten aufgeben.
29 sie beziehen alles, er verzeiht ungern, zittern und zögern.

Aufgabe: Erfassen Sie die Zeilen 50 bis 58 von Seite 21 unkorrigiert. Speichern Sie die Datei unter dem Namen: *korr1*.

Korrekturzeichen – Autorenkorrektur

Häufigkeitswörter

30 aber bei haben zum zur selbst bis habe ganz einzelnen jetzt
31 leben liebe bin bald eben beiden ganzen dazu ab heben dabei

Die Bedeutung der Korrekturzeichen (1)

Falsche Buchstaben, Wörter oder Satzzeichen werdem durchgestrichen und auf dem Rand durch das richtigen ersetzt, Mehrere Fahler on einer Zeilo püssen verschiedene Kerrekturzeichen erhaten.

Überflüssige Buchstaben, Wörter oder Satzzeichen werden durchgestrichenn und auf au dem Rand, durch das Tilgungszeichen (₰) angezeichnet.

Für ein und denselben falschem Buchstabem wird nur ein Korrekturzeichen verwendet, das am Rande mehrfach vor den richtigen Buchstaben gesetzt wird.

Die Korrekturzeichen

Geläufigkeitsübung

32 ab abfallen abfliegen abnehmen abhören abkaufen abgegriffen
33 ab abfallen abfliegen abnehmen abhören abkaufen abgegriffen

34 zu zugeben zuhören zunehmen zulaufen zuziehen hinzuzuziehen
35 zu zugeben zuhören zunehmen zulaufen zuziehen hinzuzuziehen

36 abgelaufen abgekauft abgerufen abgesehen abgegeben abgelegt
37 abgelaufen abgekauft abgerufen abgesehen abgegeben abgelegt

Vertiefung

38 letzte letzten letzter letztes zuletzt verletzt unverletzt.
39 setzen besetzt gesetzt ersetzt besetzt versetzt einsetzbar.
40 letzte besetzt letzter ersetzt zuletzt versetzt unverletzt.

41 ziehen, ausziehen, aufziehen, einziehen, ziehe bei uns ein.
42 zahlen, auszahlen, aufzahlen, einzahlen, zahle bei uns ein.
43 ziehen, auszahlen, aufziehen, einzahlen, ziehe bei uns ein.

44 bezahle dies jetzt, verstehe es besser, verzeihe das immer.
45 verstehe es besser, verzeihe das immer, bezahle dies jetzt.
46 verzeihe das immer, bezahle dies jetzt, verstehe es besser.

47 sie sind belastbar, dies ist zugeteilt, es bezeugen können.
48 hier ist abgeteilt, sie ist begeistert, er kann bar zahlen.
49 sie sind zerkratzt, er ziehe ihn hinzu, beziehe alles bald.

Autorenkorrektur

Laden Sie die Datei *korr1*, das sind, wenn Sie die Aufgabe von Seite 20 ausgeführt haben, die folgenden Sätze in unkorrigierter Form.

50 sie begriff es gut, sie bestellte viel, sie sind geblieben.
51 sie hatte zugesagt, er kann begeistern, er hatte gezittert.
52 er bestellte jetzt, gut beisammen sein, bei ihnen zugesagt.

53 immer beliebt sein, nie mehr verletzen, beizeiten erziehen.
54 am besten verdient, bestenfalls zögern, beliebig aufziehen.
55 sie versetzten ihn, am besten anziehen, immer zugegen sein.

56 sie bezahlt ungern, bezahle dies jetzt, sie verletzten ihr.
57 arbeite aufmerksam, bis zuletzt zögern, sie beziehen alles.
58 bezeuge dies jetzt, arbeite immer gern, ihn jetzt zuziehen.

Aufgabe: Führen Sie die Autorenkorrekturen durch. – Speichern (sichern) Sie die Änderungen. – Erhält der Text *keinen* neuen Namen, wird der ursprüngliche mit dem neuen überschrieben. Es kann nur noch der neue Text geladen werden.

8. Übung Großbuchstaben

<<< Wiederholung

1 bezahle dies jetzt, sie verletzten ihn, bis zuletzt zögern,
2 arbeite aufmerksam, er verzeiht ungern, beizeiten aufgeben,

Bei den Buchstaben dieser Seite rechts umschalten. ⟷ Bei den Buchstaben dieser Seite links umschalten.

Einführung

Großbuchstaben im Tastenfeld rechts: linken **Um**schalter drücken, **J** anschlagen, Umschalter **los**lassen, **a** anschlagen **(Um-J-los-a) = Ja**

3 Ja Ja Ja Ja Ka Ka Ka Ka La La La La Öa Öa Öa Öa Ha Ha Ha Ha
4 Jahr Kauf Land Ösen Hand Jahr Kauf Land Ösen Hand Jahr Kauf

Großbuchstaben im Tastenfeld links: rechten **Um**schalter drücken, **F** anschlagen, Umschalter **los**lassen, **ö** anschlagen **(Um-F-los-ö) = Fö**

5 Fö Fö Fö Fö Dö Dö Dö Dö Sö Sö Sö Sö Aö Aö Aö Aö Gö Gö Gö Gö
6 Föhn Damm Sieg Auge Gang Föhn Damm Sieg Auge Gang Föhn Damm

Schreiben Sie langsam und im Takt, dann werden Sie Umschaltfehler vermeiden!

7 Essen Raten Tarif Zeile Ursel Irene Vater Brief Namen Magen
8 Essen Irene Raten Ursel Tarif Zeile Vater Magen Brief Namen

Anwendung

9 Das neue Jahr, der gute Kauf, ein altes Land, die neue Öse.
10 Der alte Hund, der neue Fall, das junge Ding, der alte See.
11 Das eine Auge, der gute Gang, ein alter Esel, die gute Tat.

12 Alles Gute, allerlei Neues, genug Dummes, das laute Gerede.
13 Viel Neues, allerlei Altes, alles Gerede, vieles Vertraute.
14 Mein Junge, der gute Junge, dieser Junge, der junge Freund.

15 Allerlei Kluges ist zu hören. Vielerlei Gutes ist angesagt.
16 Sie ist die Beste der Klasse. Es ist am besten, er sagt es.
17 Alte und Junge hören gern zu. Alte und junge Leute sind da.

18 Er zahlte die Zölle ab Basel. Er kann die Rede frei halten.
19 Beide Zeugenaussagen stimmen. Barbara ging zeitig ins Bett.
20 Bestellen Sie nur bei Bedarf. Zurzeit zahlt sie nur ungern.

Reinschrift

21 Der Alte, die Alten, Alte und Junge. Es kamen Jung und Alt.
22 Das Neue, ein Neuer, der neue Tarif. Das Neue und das Alte.
23 Das Gute, ein Guter, der gute Vater. Das Gute in ihm siegt.

24 Die jungen Leute halfen gern. Sein Junge kam öfter mit uns.
25 Der alte Mann stimmte uns zu. Der Alte ist öfter zu allein.
26 Alle feiern das Neujahrsfest. Alle feierten ein neues Jahr.

27 Bearbeiten Sie jede einzelne Aufgabe aufmerksam und sauber.
28 Steigern Sie die Leistung bis zur ganz fehlerfreien Arbeit.
29 Nur mit viel Ausdauer kann Ihnen die Bestleistung gelingen.

Aufgabe: Erfassen Sie die Zeilen 50 bis 58 von Seite 23 unkorrigiert. Speichern Sie die Datei unter dem Namen: *korr2*.

Weitere Korrekturzeichen – Autorenkorrektur

Häufigkeitswörter

30 Zeit Herr Leben Jahre Mann Herren Liebe Hand Herrn Lage Art
31 Frau Mark Frage Tun Augen Vater Jahren Teil Tage Natur Haus

Die Bedeutung weiterer Korrekturzeichen (2)

Fehlende Buchstaben oder fehlende Satzzeichen werden angezeichnet, indem der vorangende oder folgende chstabe durchgestrichen und zusammen mit dem fehlenden wiederholt wir Fehlende Wörter werden mit dem Winkelzeichen markier auf dem Rand angegeben.

Wortzwischenräume könnenfehlen, zu weit oder auch zueng sein. Soll ein Zwischenraum ent fallen, so wird dies durch zwei Bogen angezeichnet.

Die Korrekturzeichen

/he ΓBu
/d.
Γund

Geläufigkeitsübung

32 Neue Besen kehren gut. Zug um Zug bezahlen. Hier und heute.
33 Neue Besen kehren gut. Zug um Zug bezahlen. Hier und heute.

34 Zeit, seinerzeit, zu seiner Zeit, jederzeit, zu jeder Zeit.
35 Zeit, seinerzeit, zu seiner Zeit, jederzeit, zu jeder Zeit.

36 Gerhard und Ernst zahlten den Betrag binnen zehn Tagen bar.
37 Gerhard und Ernst zahlten den Betrag binnen zehn Tagen bar.

Vertiefung

38 Das Essen, das Trinken, das Handeln, ein Raten, beim Lesen.
39 Das Essen, das Trinken, das Handeln, ein Raten, beim Lesen.
40 Das Essen, das Trinken, das Handeln, ein Raten, beim Lesen.

41 Jahr, das Jahr, im alten Jahr, viele Jahre lang, jahrelang.
42 Jahr, das Jahr, im alten Jahr, viele Jahre lang, jahrelang.
43 Jahr, das Jahr, im alten Jahr, viele Jahre lang, jahrelang.

44 Barbara ist sehr gut im Lesen. Barbara kann sehr gut lesen.
45 Suse kann sehr viel Gutes tun. Suse kann sehr gut arbeiten.
46 Heidelinde fehlt es am Besten. Heidelinde gefiel am besten.

47 Renate ist sehr gut im Lesen, sie ist die Beste der Klasse.
48 Regina kann viel Gutes tun, sie kann sehr gut handarbeiten.
49 Besseres Können bringt meist die Stelle mit mehr Verdienst.

Autorenkorrektur Laden Sie die Datei *korr2.*

50 Man darf ~~das~~ gesetzte Ziel niemals aus den Augen verlieren.
51 Halten Sie den Takt gut ein, das hilft ~~Ihnen~~ bestimmt sehr.
52 Sehen Sie nie~~mals~~ auf ~~Ihre~~ Tasten, arbeiten Sie aufmerksam.

53 Mit Freude lern, dann hilft mit Rat und Tat ein jeder gern.
54 Nur munter ran, nur festen Mut, das Ende naht, es geht gut.
55 Gute Gedanken sind gute Begleiter auf ~~Ihrer~~ Reise ans Ziel. jeder

56 Erhöhen Sie ~~Ihre~~ Aufmerksamkeit, steigern Sie ~~die~~ Leistung. die
57 Können und Leistung bauen ein gesundes Selbstvertrauen auf. Ihre
58 Nur gute Leistungen bringen Ihnen Freude und Zufriedenheit.

Aufgabe: Führen Sie die Autorenkorrektur durch. – Speichern Sie den überschriebenen Text unter dem neuen Namen: *korr3,* entsteht eine neue Datei. Beide Fassungen können jederzeit unter ihren Namen *korr2* bzw. *korr3* wieder geladen werden.

9. Übung c und ä

<<< Wiederholung

1 Nur mit viel Ausdauer kann Ihnen die Bestleistung gelingen.
2 Nur gute Leistungen bringen Ihnen Freude und Zufriedenheit.

Einführung

	Mittelfinger links vom **d** zum **c** und zurück = **dcd**	Kleiner Finger rechts vom **ö** zum **ä** und zurück = **öäö**
3	ddd dcd dcd dcd cdc cdc cdc c	ööö öäö öäö öäö äöä äöä äöä ä
4	dcda dcds dcdf dcda dcds dcdf	öäöj öäök öäöl öäöj öäök öäöl
5	c cht sch ach ich uch ckt eck	ä läg säg häc säc dän fäh fän
6	c ech cir ric tic chi cha ack	ä ähr rät tät näh klä äch mär
7	ch ch cht cht acht acht sacht	kä kä käm käm käme käme kämen
8	sc sc sch sch scha scha schau	sä sä säg säg säge säge sägen

Anwendung **Achten Sie auf einen gleichmäßigen Anschlag!**

9 durch durch durch sägen sägen sägen durch durch sägen sägen
10 durch durch sägen sägen durch durch sägen sägen durch durch
11 durchsägen, durchsägen, durchsägen, durchsägen, durchsägen,

12 dich, mich, sich, dich, mich, sich, dich, mich, sich, dich,
13 läge, käme, sähe, läge, käme, sähe, läge, käme, sähe, läge,
14 dich, läge, mich, käme, sich, sähe, dich, läge, mich, käme,

15 Ch, Chur, nach Chur fahren, Ch, Chef, die Chefin, in Chile.
16 Äh, Ähre, die Ähren gemäht, Äh, Ähre, das Ärgern, im Äther.
17 Ch, Chur, die Ähren gemäht, Ch, Chef, das Ärgern, in Chile.

18 sägen, lägen, nähren, klären, ernähren, erklärten, tätiges,
19 rasch, suche, lachen, richte, deutsche, besuchten, hackten,
20 kräht, fähig, fähige, hätten, ähnliche, krächzten, reckten,

Reinschrift

21 Bräuche, Ähren, Änderung, Fährschiff, Gärtchen, Schädlinge.
22 Schäfer, Täter, Verräter, Missetäter, Schränke, Vermählung.
23 Schäden, Väter, Bäckerei, Verschläge, Verträge, Häufigkeit.

24 Schäden vermeiden, ächtet den Verräter, mit Äther betäuben.
25 Verträge schätzen, sich gern betätigen, den Täter täuschen.
26 Schäden aufklären, ärgerliche Änderung, ständig belästigen.

27 Die Ehre geben. Die Ähren mähen. Die Lerchen in der Lärche.
28 Ägäisches Meer. Die Ämter haben. Die Märchen gern erzählen.
29 Sie kämen gern. Ein Brett sägen. In China Märchen erzählen.

Weitere Korrekturzeichen – Absätze bilden und löschen

Häufigkeitswörter

30 nicht sich ich auch nach durch mich nichts recht vielleicht
31 hätten zunächst nämlich nächste Fällen Mädchen Verhältnisse

Die Bedeutung weiterer Korrekturzeichen (3)

Absätze können nachträglich vorgenommen oder aufgehoben werden. Ein Absatz wird durch das hier gezeigte Zeichen verlangt.

Das Aufheben eines bereits gemachten Absatzes wird durch eine verbindende Linie gekennzeichnet.

Die Korrekturzeichen

Absatz einfügen =

Absatz löschen =

Geläufigkeitsübungen

32 durch durchaus durchsehen durchsagen durchsehen durchgesagt
33 Durch die Durchsage sind die Durchschnitte nunmehr bekannt.

34 Die Fähigkeit, fähig, fähiger, am fähigsten, fähige Männer.
35 Die fähigsten Männer kämen, um diese Schäden zu beseitigen.

36 Auf Tastaturen schreiben. Mit allen zehn Fingern schreiben.
37 Nicht auf die Tastatur sehen, das nennt man blindschreiben.

Vertiefung

38 kläre klären erklären aufklären geklärt aufgeklärt erklärte
39 trägt häufig zunächst demnächst erfährt allmählich nächsten
40 fährt hätten ernähren ähnlicher fällige ärgerliche betätige

41 Chef, die Chefin, der Chefarzt, eine Chefsekretärin suchen.
42 Ähre, alle Ähren, im Ährenfeld, die Ährenfelder bald mähen.
43 Chur, viel Äther, der Chiemsee, diese Änderung klarstellen.

44 Er käme täglich, sich aktiv betätigen, ein ständiger Ärger.
45 Sich nie ärgern, einige tätige Männer, die Schäden geklärt.
46 Chemische Faser, sie studierte Chemie, die Chemiestudenten.

47 Sie hätten fast täglich sehr viele Einkäufe tätigen können.
48 Es käme täglich zu ärgerlichen Belästigungen auf der Fähre.
49 Die Schäden durch falsche Ernährung sind leicht vermeidbar.

Absätze bilden/löschen

Maschinenschreiber bilden sofort die angezeichneten Absätze. Computerschreiber erfassen den Text, ohne Absätze zu bilden.

Anschläge

50 Beim Tastschreiben erst richtig und dann schnell schreiben. 61
51 Das mag Ihr Grundsatz sein, um gute Leistungen zu erzielen. 64

Sie können alle Texte, wenn sie mit einem Namen versehen gespeichert sind, jederzeit ausdrucken.

52 Sie können fast alle Buchstaben auf Ihrer Tastatur greifen. 64
53 Heute schreiben Sie nun zum ersten Mal eine Arbeit, bei der 128
54 Sie Ihre Schnelligkeit testen können. Zu Beginn sei gesagt, 193
55 es ist immer besser, langsam und fehlerarm zu schreiben als 253
56 schnell und mit vielen Fehlern. Nach Ihrem Ausbildungsstand 317
57 könnten Sie die Aufgabe in acht Minuten schaffen. Sie haben 381
58 dann sechzig Anschläge in jeder Minute geschrieben. Das ist 444
59 eine gute und ausbaufähige Leistung. 481

Aufgabe: Computerschreiber fügen nachträglich an den mit bezeichneten Stellen einen Absatz ein. Löschen Sie ihn wieder.

10. Übung **w und o**

<<< Wiederholung

1 Beim Tastschreiben erst richtig und dann schnell schreiben.
2 Es käme täglich zu ärgerlichen Belästigungen auf der Fähre.

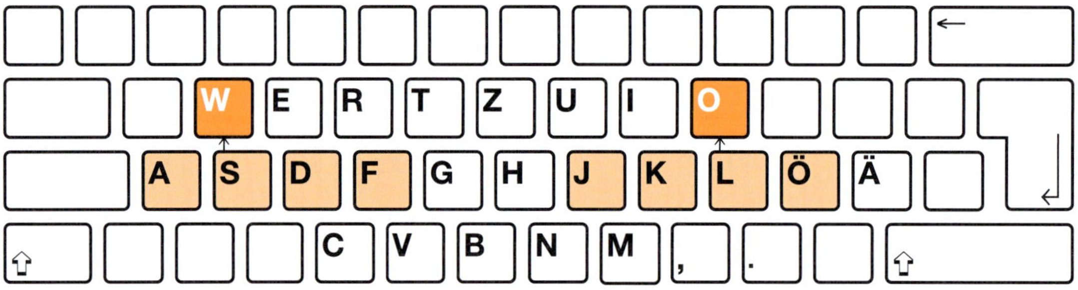

Einführung

Ringfinger links vom **s** zum **w** und zurück = **sws** | Ringfinger rechts vom **l** zum **o** und zurück = **lol**

3 sss sws sws sws wsw wsw wsw w | lll lol lol lol olo olo olo o
4 swsa swsd swsf swsa swsd swsf | lolö lolk lolj lolö lolk lolj

5 w wal weg wie wei wid waf wag | o olf olg log sol los kol lok
6 w wil wul wer wic was wuc wir | o rol lor dol fol lof ros ort

7 we we wei wei weit weit weite | fo fo fol fol folg folg folge
8 ew ew ewi ewi ewig ewig ewige | vo vo vol vol voll voll volle

Anwendung Konzentrieren Sie sich auf Ihre Arbeit!

9 was was was los los los was was was los los los was was was
10 was was los los was was los los was was los los was was los
11 was los was los was los was los was los was los was los was

12 wie war wird weit weise welch werde wieder zwingen schwinge
13 von oft oder doch lohnt schon folge worden konnten monotone
14 wir was ohne noch wurde komme volle werden weniges zwecklos

15 Widerstand, Widerstreben, Widerlichkeit, Widerwärtigkeiten.
16 Wiederwahl, Wiederaufbau, Wiederschauen, Wiederherstellung.
17 Widerstand, Wiederaufbau, Widerlichkeit, Wiederherstellung.

18 Offenheit, Offenbarungen, Offenbarungseid, Offenherzigkeit.
19 Ohne Otto, von Offenburg, die Osterferien, solche Offerten.
20 Zum Wohle, welche Zeiten, monotone Lieder, zwecklose Worte.

Reinschrift

21 Otto arbeitet in Oberstdorf. Der Oberlehrer wurde geachtet.
22 Wir erwarteten den Widerruf. Wir erwarten die Wiederholung.
23 Die Werbung wird wiederholt. Von Osten nach Westen wandern.

24 Wolf wohnte in Oberammergau. Otmar wäre in Oldenburg tätig.
25 Wir wollen sofort mitkommen. Toni bucht seine Sommerferien.
26 Wir wollten ihn informieren. Sein Vortrag war sehr monoton.

27 Wir werden mit Otto und Wolfgang in Wien bei Oliver wohnen.
28 Die Firma Otto Wolf konnte den Saldo doch noch ausgleichen.
29 Er wird wohl in wenigen Wochen diese Wanderung wiederholen.

Weitere Korrekturzeichen – Absätze bilden und löschen

Häufigkeitswörter

30 wie wir welche wieder weil warum will worden weiter welchem
31 noch oder doch vor schon vom wo ohne wohl sondern ob worden

Die Bedeutung weiterer Korrekturzeichen (4)

Verstellte Buchstaben werden durchgestirchen und auf dem Rand in der richtigen Reihenfolge angegeben. Verstellte Wörter werden das durch Umstellungszeichen kenntlich gemacht. Die Wörter werden bei größeren Umstellungen beziffert.

Verstellte Zahlen sind aber immer ganz durchzustreichen und in der richtigen Ziffernfolge auf den Rand zu schreiben, z. B. 1968.

Die Korrekturzeichen

ri

1 - 7

LB ld

1986

Geläufigkeitsübung

32 wo wozu woran worin wobei womit wovon woher wonach worunter
33 Wenn wir wiederkommen, werden wir wohl auch wieder wandern.

34 So sogar somit sofort sowohl soviel soweit solange sogleich
35 So zogen alle von Ort zu Ort. Was man schreibt, das bleibt.

36 Wer rastet, der rostet, wir aber wollen weiter vorankommen.
37 Diese Motorboote werden wir sofort nach London verschiffen.

Vertiefung

38 sondern weil welcher waren weiter also soll wegen will zwei
39 etwas weit zwischen welches hervor weg weit wider hold noch
40 wollen sollte konnte wurden gewesen dort kommt solche wegen

41 Schon vor Wochen sollten die Motorboote zum Verkauf kommen.
42 Die Waren werden im Zweigwerk in Wilhelmshaven hergestellt.
43 Schon sehr oft ist Oskar Wollenberger in Oldenburg gewesen.

44 Sie wollen rasch vorankommen. Dies ist sicher verständlich.
45 Solange Sie wenig Fehler machen, ist auch alles in Ordnung.
46 Wer viele Fehler macht, der schreibt meist auch zu schnell.

Anschläge

47 Auf einen leichten, kurzen, federnden Anschlag kommt es an. 61
48 Schreiben Sie die Griffe mit den Ringfingern besonders oft. 63
49 Sie werden bald die erforderliche Sicherheit erlangt haben. 61

Absätze löschen/bilden

Erfassen Sie den Text zunächst ohne die eingezeichneten Korrekturen.

1 - 5

50 Die Finger der Hand sind nicht gleich in der Beweglichkeit. 64
51 Sie sollten deswegen die Griffe, die mit den Ringfingern zu 127
52 greifen sind, besonders oft und gewissenhaft schreiben. Die 188

53 Ringfinger sind nun mal steifer als die anderen Finger. Sie 251
54 sind nämlich nach beiden Seiten durch Sehnen verbunden. Das 314
55 wirkt sich recht nachteilig auf die Bewegungsfreiheit sowie 375

1 - 5

56 den Anschlag aus. Hier hilft, wenn Sie besonders sorgfältig 438
57 arbeiten. Lassen Sie sich also Zeit. Erst wenn Sie die alte 503
58 Aufgabe gut erledigt haben, wenden Sie sich einer neuen zu. 564

Aufgabe: Führen Sie die eingezeichneten Korrekturen aus. Stellen Sie anschließend den Ausgangstext wieder her.

11. Übung x und ü

<<< Wiederholung

1 Wir werden mit Otto und Wolfgang in Wien bei Oliver wohnen.
2 Er wird wohl in wenigen Wochen diese Wanderung wiederholen.

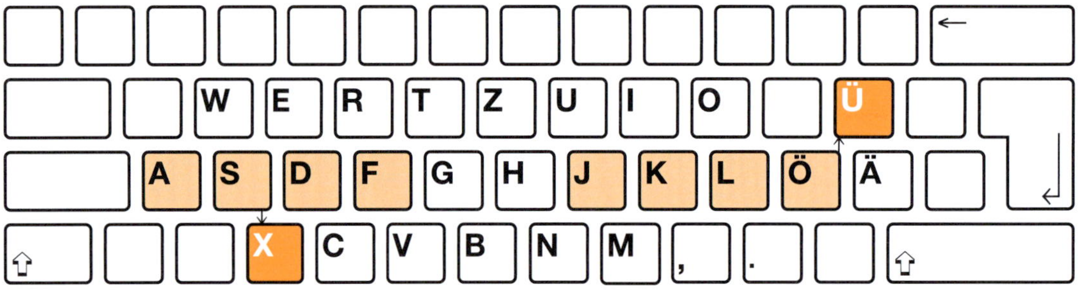

Einführung

Ringfinger links vom **s** zum **x** und zurück = **sxs** | Kleiner Finger rechts vom **ö** zum **ü** und zurück = **öüö**

3 sss sxs sxs sxs xsx xsx xsx x | ööö öüö öüö öüö üöü üöü üöü ü
4 sxsa sxsd sxsf sxsa sxsd sxsf | öüöj öüök öüöl öüöj öüök öüöl

5 x xan xav lux fax fox exa ext | ü küh füg rüg lüg tüt müh rüh
6 x tex lex rex lix xik xem xum | ü übe rüb bür kür mür ühr rüc

7 xt xt ext ext text text texte | üb üb übt übt übte übte übten
8 ex ex ext ext extr extr extra | wü wü wür wür würd würd würde

Anwendung **Wenn Sie langsam schreiben, gelingen Ihnen auch schwierigere Griffe.**

9 fix. fix. fix. rüge rüge rüge fix. fix. fix. rüge rüge rüge
10 fix. fix. rüge rüge fix. fix. rüge rüge fix. fix. rüge rüge
11 fix. rüge fix. rüge fix. rüge fix. rüge fix. rüge fix. rüge

12 kühl kühl kühl füge füge füge rüge rüge rüge kühl kühl kühl
13 üben üben üben lüge lüge lüge übet übet übet üben üben üben
14 kühl üben füge lüge rüge übet kühl üben füge lüge rüge übet

15 Xaver, Text, Alexander, Exaktheit, Texthandbuch, Luxemburg.
16 Übung, Übel, Überblick, Überdruck, Überstellung, Übernahme.
17 Xaver, Übel, Alexander, Überdruck, Texthandbuch, Übernahme.

18 Max Sommer jun., Alex Winter sen., Xaver Übersberger Nachf.
19 Gebrüder Murxer, Rüdiger Übele KG, Max Rixinger, Überlingen
20 Felix Mühlbauer, für Max und Alex, Alexander Rex, Luxemburg

Reinschrift

21 Mit Mühe. In Hülle und Fülle. In der Kürze liegt die Würze.
22 Der Text. Die Texte erklären. Für ihn die Texte übersetzen.
23 Die Lüge. Wehe dem, der lügt. Lügen haben sehr kurze Beine.

24 Rüdiger fährt in der nächsten Zeit für uns nach Überlingen.
25 Felix suchte im Lexikon die Einwohnerzahl der Stadt Xanten.
26 Alex wurde im Boxwettbewerb gegen den Mexikaner geschlagen.

27 Alexanders Examen werden jetzt auch in Luxemburg anerkannt.
28 Die Ruderregatta zwischen Oxford und Cambridge ist bekannt.
29 Alex hat ein Fixum, d. h., er bezieht ein festes Einkommen.

Suchen und ersetzen

Häufigkeitswörter

30 für über würde müssen zurück würden natürlich darüber dafür
31 übrigens früher führen dürfen überall führt glücklich müsse

Wörter suchen und ersetzen

Mit Textverarbeitungsprogrammen können Wörter durch den **Suchbefehl** gesucht werden. Wir wollen im Text ab Zeile 50 suchen, wo das Wort »gleich« vorkommt und erkennen: in Zeile 51, 52 und 56.

Durch den **Ersetzbefehl** kann das Wort »gleich« durch »sofort« ersetzt werden. Dies kann automatisch erfolgen. Da der Austausch nur in den Zeilen 51 und 52 einen Sinn ergibt, sollte der Austausch immer nur von Fall zu Fall entschieden und vorgenommen werden.

Im Register **Start** klicken Sie in der Gruppe **Bearbeiten** die Funktion **Ersetzen** an. Geben Sie das Suchwort »gleich« und das Ersatzwort »sofort« ein. Bestätigen Sie von Fall zu Fall mit »Ersetzen«.

Suchen und ersetzen

1. Erfassen Sie den Satz: Lernen Sie Steno.
2. Ersetzen Sie **Steno** durch **Kurzschrift.**
3. Geben Sie
   a) das Suchwort Steno
   b) das Ersatzwort Kurzschrift ein.
4. Sie erhalten automatisch: Lernen Sie Kurzschrift.

Geläufigkeitsübung

32 übe über üben übet fühle kühle drüben rücken bücken drücken
33 Wir würden hierfür wieder das Übersetzungsbüro beauftragen.

34 Existenz Existenzen existieren existenziell Existenzminimum
35 Manche Existenz garantiert gerade noch das Existenzminimum.

36 Text, Texte schreiben, in der Textverarbeitung beschäftigt.
37 Für die Textverarbeitung bringt das Tastschreiben Vorteile.

Vertiefung

38 würden müssen zurück würden müssen zurück würden glücklich,
39 führte rücken üblich führte rücken üblich führte fühlbarer,
40 fühlen kühlen klüger fühlen kühler klüger fühlen rückwärts.

41 Übung, Überlegung, aus Überzeugung, Übermut tut selten gut.
42 Xaver, das Examen, Texte für Xaver, Xaver macht das Examen.
43 Glück, viel Glück, im Examen Glück, herzliche Glückwünsche.

44 Sie müssen solch günstige Angebote künftig früher annehmen.
45 Die Firma Alexander Münchinger bestellt meist fernmündlich.
46 Die Firma Kühne aus Xanten bestellt mit Telex oder Telefax.

Anschläge

47 Mündlich oder fernmündlich gemachte Angebote müssen während 62
48 der Verhandlung angenommen werden, sonst erlöschen sie. Der 124
49 Anbieter braucht dann die Bestellung nicht mehr anzunehmen. 185

Texte suchen und ersetzen

Erfassen Sie den unkorrigierten Text. Maschinenschreiber: Rand 10 und 70. Computerschreiber: linker Rand 2,4 cm und rechter Rand 3,5 cm.

50 In den meisten Fällen werden Fehler bereits bei der Eingabe 64
51 bemerkt und ~~gleich~~ korrigiert. Dies kann durch Löschen oder 126 sofort
52 Einfügen geschehen. Korrekturen, die also ~~gleich~~ ausgeführt 188 sofort
53 werden, nennt man Sofortkorrekturen. 226

54 Viele Fehler werden aber erst nachträglich entdeckt. Solche 289
55 Fehler werden dann durch Korrekturzeichen, die auf dem Rand 352
56 zu wiederholen sind, gekennzeichnet. Ganz gleich, ob Fehler 414
57 beim Diktat oder beim Schreiben entstanden, die Korrekturen 477
58 werden alle Autorenkorrekturen genannt. 518

59 Will man ein fehlerhaftes Wort suchen oder einmal ein Wort, 581
60 das nicht gefällt, durch ein anderes ersetzen, so geschieht 641
61 dies durch Befehle. Wir wollen es mit diesem Text üben. 699

Aufgabe: Suchen Sie mit dem Suchbefehl das Wort »gleich«. Ersetzen Sie es aber nur in den Zeilen 51 und 52 durch »sofort«. Stellen Sie den alten Text wieder her.

12. Übung q und p

<<< Wiederholung

1 Die Firma Kühne aus Xanten bestellt mit Telex oder Telefax.
2 Sie müssen solch günstige Angebote künftig früher annehmen.

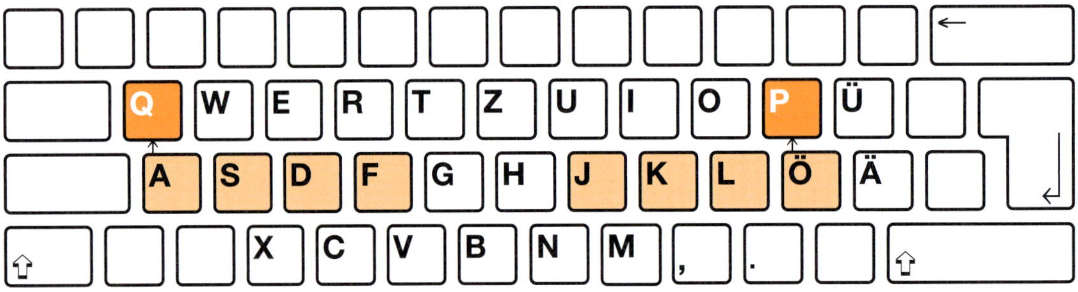

Einführung

	Kleiner Finger links vom **a** zum **q** und zurück = **aqa**	Kleiner Finger rechts vom **ö** zum **p** und zurück = **öpö**
3	aaa aqa aqa aqa qaq qaq qaq q	ööö öpö öpö öpö pöp pöp pöp p
4	aqaf aqad aqas aqaf aqad aqas	öpöj öpök öpöl öpöj öpök öpöl
5	q que qua qui quo aqu beq equ	p per pal pas par pul pil pol
6	q qui quo qua que beq aqu equ	p spa spe spi spo spr spä spü
7	qu qu que que quer quer quere	sp sp spa spa spar spar spare
8	qu qu quä quä quäl quäl quäle	pr pr prü prü prüf prüf prüfe

Anwendung Achten Sie auf einen gleichmäßigen Anschlag!

9 quere quere quere spare spare spare quere quere quere spare
10 quere quere spare spare quere quere spare spare quere quere
11 quere spare quere spare quere spare quere spare quere spare

12 prüfe prüfen prüften geprüft Prüffeld Prüfungen Überprüfung
13 Quart Quarta Quartal Quarten Quartett Quartaner Quartformat
14 quitt Quelle empfand Impfung Computer Aquarelle Quecksilber

15 quitt, quittiere, die Rechnung quittieren, die Quacksalber,
16 Preis, preiswert, diese preiswerte Quelle, Preiserhöhungen,
17 prüfe, Prüflinge, die Quittung überprüfen, Prüfungsaufsatz,

18 Er käme ihm noch in die Quere. Auf einer Querflöte spielen.
19 Er würde das Quadrat zeichnen. Die Quelle hat ihn erquickt.
20 Die Preisliste ist nun gültig. Die Praxis wird geschlossen.

Reinschrift

21 Ein paar Kinderschuhe, ein Paar Kinderschuhe, papperlapapp.
22 Drei Paprikaschnitzel, die Pappplakatwerbung, Pappenheimer.
23 Ihn wieder aufpäppeln, drei Bogen Packpapier, Pappelalleen.

24 Ihre Papierwaren sind qualitativ immer einwandfrei gewesen.
25 Der Quecksilberpreis ist im letzten Quartal sehr gestiegen.
26 Die Firma Boppel wird die Quittung nach Quedlinburg senden.

27 Die Oppositionspartei löste die parteipolitischen Probleme.
28 Durch Erhöhung des Portos sind die Kosten sehr angestiegen.
29 Wir liefern seit Jahren praktische Waren an Endverbraucher.

Texte formatieren – Veränderung der Zeilenlänge

Häufigkeitswörter

30 Paragraf überhaupt Beispiel Sprachen sprechen Prozent Platz
31 Körper Person plötzlich Paar Preis politisch Spitze Prüfung

Veränderung der Zeilenlänge – Texte formatieren (Hierzu siehe auch Seite 6 »Seitenränder einstellen«)

Durch den linken und den rechten Rand wird die Zeilenlänge bestimmt. Über das Menü **Datei – Seite einrichten** können die Ränder eingestellt und als **Standardeinstellung** definiert werden. Erfassen Sie folgenden Text in Courier 12 mit einem linken Rand von 2,5 und einem rechten Rand von 6,0 cm. Ändern Sie anschließend den rechten Rand, indem Sie 8 cm eingeben. Sie können auch den Cursor auf dem Zeilenlineal nach rechts an die Stelle führen, die den eingegebenen Rand anzeigt. Es erscheint ein Doppelpfeil (↔) und die eingeblendete Aufschrift »Rechter Seitenrand«. Verschieben Sie dann mit gedrückter linker Maustaste den Doppelpfeil in der gewünschten Richtung.

Ränder 2,5 und 6,0 cm

Jeder am Computer erfasste Text kann nachträglich
verändert werden. So können z. B. die Ränder und
somit das Aussehen des Textes umgestaltet werden.

Ränder 2,5 und 8,0 cm

Jeder am Computer erfasste Text kann
nachträglich verändert werden. So können
z. B. die Ränder und somit das Aussehen
des Textes umgestaltet werden.

Geläufigkeitsübung

32 spare sparen Sparer Sparbuch, sie sparen bei der Sparkasse.
33 Bei der Bank oder Sparkasse unterhalten viele ein Sparbuch.

34 Preis Preise preiswert Preislage Preisstopp Preisverleihung
35 Wir halten die Preise niedrig, damit alle preiswert kaufen.

36 quer quere queren Querkopf Querulant querfeldein Querschlag
37 Als Querulanten bezeichnet man einen Nörgler oder Quengler.

Vertiefung

38 quere queren qequert Überquerung Querfeldeinlauf Querschlag
39 Preis Preise preisen preiswerter preisgünstige Preisgefälle
40 Quell Quelle Quellen Quellwasser Quellenangabe Quellgebiete

41 Quirl bequem Portugal Paderborn Quintanerin undiszipliniert
42 Paare Pappen Quartier Quintaner Papierwaren disqualifiziert
43 Quark Papier Quartett umkippbar Quellwasser Querfeldeinlauf

44 Sie exportiert nach Portugal. Der Exporteur quittierte das.
45 Sie änderten alle Paragrafen. Exquisit bedeutet ausgesucht.
46 Die Quoten stehen schon fest. Der Experte entschied anders.

Anschläge

47 Sie könnten das Aussehen Ihres Dokumentes verbessern, indem 64
48 Sie die Schriftart für den gesamten Text oder Teile ändern. 128
49 Verändern Sie einmal die Schriftart von Courier nach Arial. 192

Suchen und ersetzen – Formatieren

Erfassen Sie den Text. Maschinenschreiber: Rand 10 und 70.
Computerschreiber: linker Rand 2,4 cm und rechter Rand 3,5 cm.

50 Wer rationell seine Tastatur bedienen will, der sollte auch 62
51 am ~~Computer~~ mit allen zehn Fingern schreiben. Diese Methode 126 PC
52 hat sich beim Maschinenschreiben bewährt. Es gibt überhaupt 188
53 keinen Grund, die Tastatur am ~~Computer~~ nur mit zwei Fingern 252 PC
54 zu bedienen. Beide Tastaturen sind im Kern übereinstimmend. 315

55 Im Vordergrund unseres Lehrgangs steht das sichere Erlernen 379
56 des Tastschreibens. Darunter versteht man, die Tastatur des 442
57 ~~Computers~~ ohne auf die Tasten zu sehen mit zehn Fingern und 502
58 nach einem festgelegten Fingersatz zu bedienen. Hierbei ist 567 PCs
59 ein fehlerarmes Schreiben viel wichtiger als Schnelligkeit. 628

Aufgabe: 1. Suchen Sie mit dem Suchbefehl das Wort »Computer«. 2. Ersetzen Sie mit dem Ersetzbefehl »Computer« durch »PC«. 3. Ersetzen Sie »PC« wieder durch »Computer«. 4. Formatieren Sie den Text zwischen den Spalten 1 und 40.

13. Übung y und -

<<< Wiederholung

1 prüfe, prüfen, die Prüfung, quer, überqueren, in die Quere.
2 Der Quecksilberpreis ist im letzten Quartal sehr gestiegen.

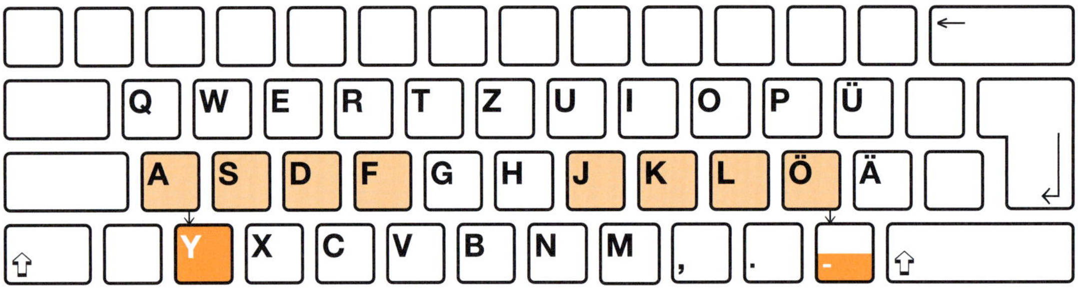

Einführung

	Kleiner Finger links vom **a** zum **y** und zurück = **aya**	Kleiner Finger rechts vom **ö** zum **-** und zurück = **ö-ö**
3	aaa aya aya aya yay yay yay y	ööö ö-ö ö-ö ö-ö -ö- -ö- -ö- ö
4	ayaf ayad ayas ayaf ayad ayas	ö-öj ö-ök ö-öl ö-öj ö-ök ö-öl
5	y loy bay zyl hyp sym syn psy	- nö- rö- gö- lö- kö- mö- tö-
6	y typ ype ypr oly yvo yok yog	- tä- tü- pö- bö- vä- zä- nä-
7	oy oy loy loy loya loya loyal	- ö- ö- nö- nö- nöti- nötiger
8	Ty Ty Typ Typ Type Type Typen	- ü- ü- gü- gü- güti- gütiger

Anwendung

9 loyal loyal loyal typisch typisch typisch loyal loyal loyal
10 loyal loyal typisch typisch loyal loyal typisch typisch ty-
11 pisch typisch loyal typisch loyal typisch loyal typisch Typ

12 Die Worttrennung - früher Silbentrennung genannt - muss im-
13 mer dann vorgenommen werden, wenn ein Wort nicht mehr voll-
14 ständig in einer einzelnen Zeile untergebracht werden kann.

15 Einfache Wörter werden nach Sprechsilben getrennt, und zwar
16 so, wie sie sich beim langsamen Vorlesen ergeben. Es dürfen
17 jedoch nie einzelne Vokalbuchstaben für sich allein stehen.

18 Das frühere Verbot der Trennung von st gilt nicht mehr. Os-
19 tern, bas- teln, er brems- te. Die Konsonantenverbindung ck
20 bleibt ungetrennt. Zu- cker, ba- cken, Zwi- ckau, le- cker.

Reinschrift

21 Bay- reuth, bay- risch, Hy- po- thek, sys- te- ma- ti- sche
22 bay- risch, Bay- reuth, Ty- pen- rad, sym- bo- li- sie- ren
23 Bay- reuth, bay- risch, Zy- lin- der, syn- chro- ni- siert.

24 Mit elektronischer Post - kurz auch E-Mail genannt - können
25 Sie weltweit Nachrichten verschicken, empfangen und verwal-
26 ten. Eine E-Mail braucht bis hin zum Empfänger nur Minuten.

27 Das Grundbuch - es wird bei dem zuständigen Amtsgericht ge-
28 führt - gibt Auskunft über Lage und Eigentümer eines Grund-
29 stücks, über eingetragene Belastungen wie z. B. Hypotheken.

Die Worttrennung (Silbentrennung) – Flatter- und Blocksatz

Häufigkeitswörter

die der und in zu den das nicht von sie ist des sich mit dem aus er es ein ich auf so eine auch als an nach wie für durch

Bei der Texterfassung unterlassen Sie das Zeilenschalten. Es entsteht der Flattersatz (siehe Abb. Mitte). Durch Silbentrennung verringert sich der Flattersatz am rechten Rand. Sie können die Silbentrennung automatisch bei der Texteingabe oder nachträglich durchführen. Wählen Sie **Seitenlayout – Seite einrichten – Silbentrennung.** Wenn Sie sich für **Manuell** entscheiden, schlägt Word eine Trennung vor. Wünschen Sie die Trennung an anderer Stelle, dann verschieben Sie den Trenncursor mit der Maus oder den Pfeiltasten.

Flattersatz
(Ränder: 2,4 und 10,9 cm)

Ein modernes Textverarbeitungsprogramm schaltet automatisch in eine neue Zeile, wenn ein Wort nicht mehr in einer Zeile untergebracht werden kann. Es entsteht der Flattersatz. Er sieht nicht besonders schön aus. Das ändert sich, wenn man in den Blocksatz umformatiert.

Blocksatz mit Silbentrennung
(Vergleichen Sie Flattersatz mit Blocksatz)

Ein modernes Textverarbei-tungsprogramm schaltet automa-tisch in eine neue Zeile, wenn ein Wort nicht mehr in einer Zeile untergebracht werden kann. Es entsteht der Flatter-satz. Er sieht nicht besonders schön aus. Das ändert sich, wenn man in den Blocksatz um-formatiert.

Geläufigkeitsübung

Viele Besucher der Bayreuther Festspiele kamen aus New York.
Aus New York kamen viele Besucher der Bayreuther Festspiele.

Zu den Olympischen Spielen treffen sich die Besten der Welt.
Die Besten der Welt treffen sich zu den Olympischen Spielen.

Der synthetische Kautschuk - Buna - wurde weiter verbessert.
Buna - der synthetische Kautschuk - wurde weiter verbessert.

Vertiefung

Anwendung des Mittestrichs in den Zeilen 38–40 als Bindestrich, in den Zeilen 41–43 als Ergänzungsstrich (Ersatzstrich), in den Zeilen 44 bis 45 als Gedankenstrich und in der Zeile 46 als Streckenstrich.

Gemeindegrundsteuer-Veranlagung, Druck-Erzeugnis, Tee-Ernte, Haftpflicht-Versicherungsgesellschaft, das Juli-August-Heft, Donau-Dampfschifffahrtsgesellschaft, der Dortmund-Ems-Kanal.

Schulanfang und -ende, Ein- und Ausfahrt, drei- bis viermal, Feld- und Gartenbaumaschinen, ihre Garten- und Campingmöbel, der Warenein- und -ausgang, Damenober- und -unterbekleidung.

Wir stehen immer - auch feiertags - gern zu Diensten bereit.
Yvonne unternahm - im Gegensatz zu Lydia - sehr gern Reisen.
Der D-Zug Hamburg - Hannover - Kassel bekam soeben Einfahrt.

Vom Flattersatz zum Blocksatz

**Maschinenschreiber versuchen durch Silbentrennungen den Rand auszugleichen.
Am PC: linker Rand 2,4 cm, rechter Rand 3,25 cm.**

Wenn Sie am Computer schreiben, so unterlassen Sie am Ende der Zeile das Zeileschalten. Das besorgt Ihr Textverarbeitungsprogramm. Sie sehen an diesem Beispiel, wie unschön ein solcher Text mit seinem unausgeglichenen rechten Rand wirkt. Hier können Sie ganz leicht Abhilfe schaffen.

Jedes Textverarbeitungsprogramm ermöglicht es Ihnen, den rechten Rand völlig ausgeglichen zu gestalten. Hierbei haben Sie sogar die Wahl, ob Sie am rechten Rand nur ungetrennte Wörter haben wollen oder es akzeptieren, durch Silbentrennungen ein noch schöneres Schriftbild zu bekommen.

Wir werden solchen Blocksatz mit diesem Text üben. Erfassen Sie den Text im Flattersatz so, wie er auf dieser Vorlage steht. Durch den Befehl für das Formatieren erhalten Sie verschiedene Vorschläge für die Gestaltung des rechten Randes.

Aufgabe: Formatieren Sie den rechten Rand zunächst im Blocksatz ohne und dann auch im Blocksatz mit Silbentrennung.

<<< Wiederholung

1 Bay- reuth, bay- risch, Hy- po- thek, sys- te- ma- ti- sche
2 Yvonne ging - im Gegensatz zu Lydia - sehr gern auf Reisen.

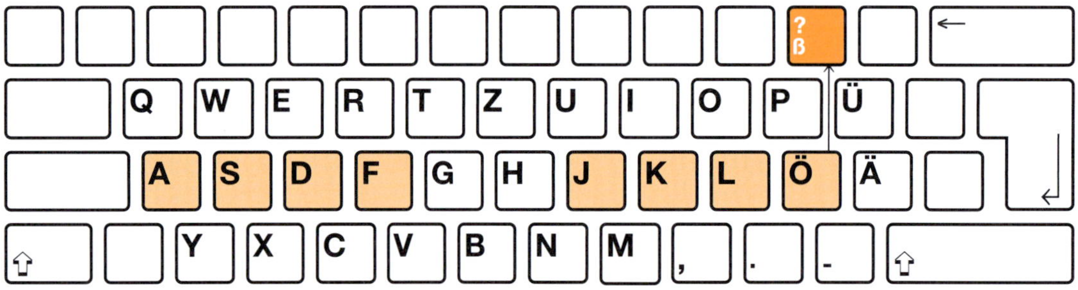

Einführung ß

Kleiner Finger rechts vom **ö** in die Zifferntastenreihe zum **ß** und zurück = **ößö**

3 ößöj ößöj ößöj ößök ößök ößök ößöl ößöl ößöl ößöj ößök ößöl
4 groß groß groß heiß heiß heiß weiß weiß weiß groß heiß weiß

5 öäöj öüöj ößöj öäök öüök ößök öäöl öüöl ößöl öäöj öüök ößöl
6 läge kühl groß läge kühl groß läge kühl groß läge kühl groß

7 groß, größer, am größten, heiß, heißer, die heißesten Tage.
8 Gruß, grüßen, begrüßen, mit freundlichen Grüßen, Begrüßung.

Anwendung **Das oder dass? Für »das« kann man auch »dieses« oder »welches« sagen, für »dass« nicht.**

9 Für den stimmlosen s-Laut nach langem Vokal oder Doppellaut
10 schreibt man ß. Mit freundlichen Grüßen, groß, beißen, Maß.
11 Nach kurzem Vokal schreibt man ss. Fluss, Kuss, Bass, muss.

12 Wir müssen mit Maßen essen und dürfen keine Massen fressen.
13 Er weiß, dass es nichts wisse, so sagte einstmals Sokrates.
14 Ute aß bloß ein bisschen von den süßen, heißen Grießklößen.

15 Es gibt aber wieder Ausnahmen. So schreibt man aus, heraus.
16 Fehlt das ß auf der Tastatur einer Schreibmaschine, so kann
17 man ss schreiben. Dies gilt auch für jede GROSS-SCHREIBUNG.

18 Ich weiß, dass das Haus, das abbrannte, nun aufgebaut wird.
19 Im Juni, das ist nach meinem Examen, hole ich mir den Pass.
20 Sie weiß, dass er bis zum Zeugnis noch fleißig lernen muss.

Reinschrift

Anschläge

21 Sie haben bereits alle Buchstaben des Tastenfeldes erlernt. 63
22 Recht fleißig müssen Sie üben, damit das Erlernte gefestigt 126
23 wird. Lassen Sie sich die Mühe nicht verdrießen, auch heute 189
24 wieder die Übungen gründlich und im Takt zu schreiben, denn 251

25 es darf nicht sein, dass der Anfänger versucht, seine meist 312
26 noch unsicheren Finger mit den Augen zu unterstützen. Etwas 375
27 Überwindung ist notwendig, dann lässt sich auch ein Schüler 437
28 nicht verleiten, diesem Hang zu folgen. Allmählich erreicht 499

29 er Griffsicherheit, die gewünschte Geschwindigkeit wird von 561
30 selbst erreicht, es wächst die Freude am Tastschreiben. Und 625
31 wenn Sie noch alle Ziffern und Zeichen sicher greifen, dann 687
32 haben Sie den ersten Teil der Ausbildung gut abgeschlossen. 749

? – Absätze löschen, verschieben, kopieren

Häufigkeitswörter

33 das dass muss musste müssen müsste lassen lässt Einfluss aus
34 außer außerdem groß größer größere größeren schließlich Gruß

Textteil löschen:
Textteil markieren und **Entf** betätigen. Der Text ist endgültig gelöscht.

Textteil verschieben:
Markieren – Symbol für Ausschneiden anklicken. Cursor an Einfügestelle bringen, anklicken und Symbol Einfügen anklicken.

Textteil kopieren:
Markieren – Symbol für Kopieren anklicken. Cursor an Einfügestelle bringen, anklicken und Symbol Einfügen anklicken.

Absatz löschen

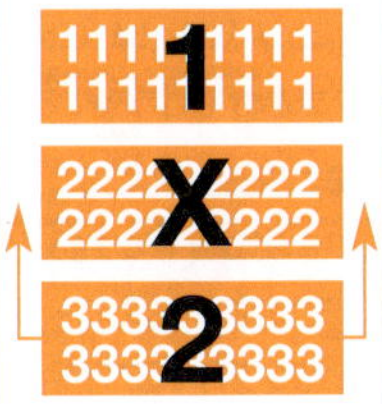

Absatz verschieben

Absatz kopieren

Einführung ?

Kleiner Finger rechts vom **ö** in die Zifferntastenreihe zum **?** (ß mit Umschaltung) und zurück = **ö?ö**

35 ößö ö?ö ö?öj ö?öj ö?ök ö?ök ö?öl ö?öl ö?öj ö?ök ö?öl ö?ö ößö
36 Wer kommt mit? Wer wird es wagen? Wann kommen wir in Ulm an?

37 Bis wann könnten Sie antworten? Bis wann kommt Ihre Antwort?
38 Wer wird sich darüber aufregen? Wird er denn nie vernünftig?

39 Warum? Weshalb? Weswegen? Warum? Weshalb? Weswegen? Weshalb?
40 Warum entschließen Sie sich nicht, unser Angebot anzunehmen?

Anwendung

41 Das Fragezeichen steht nach dem direkten Fragesatz, es steht
42 aber auch nach Fragewörtern, die allein oder innerhalb eines
43 Satzes stehen. Auf den indirekten Fragesatz folgt ein Punkt.

44 Kann die Kundin mit der baldigen Lieferung der Ware rechnen?
45 Sie will wissen, ob sie mit baldiger Lieferung rechnen kann.
46 Wo? Wozu? Woher? Wohin? Wovon? Worin? Woran? Womit? Weshalb?

47 Reden ist Silber, Schweigen ist Gold. Werden alle schweigen?
48 Dein Vertrauen wird belohnt. Könnten wir ihr auch vertrauen?
49 Erreicht er durch Sparen sein Ziel? Ich will fleißig sparen.

50 Kann unser Jüngster mitkommen? Spielte sein jüngster Bruder?
51 Ist Heinz immer der Erste gewesen? Der erste Mann im Staate.
52 Denkt er nur ans Verdienen? Wird Werner recht gut verdienen?

Absatzverarbeitung **Maschinen-/Computerschreiber erfassen den Text mit drei Absätzen.**

Anschläge

53 Die Möglichkeiten, die Ihnen der Computer bietet, gehen weit 65
54 über die einer Schreibmaschine hinaus. So können eingegebene 128
55 Texte noch vor dem Ausdruck verändert werden, bis der Inhalt 192
56 und auch die Form allen Wünschen des Schreibers entsprechen. 256

57 Die Textbearbeitung ist einfach. Falsche Zeichen können ohne 321
58 Mühe überschrieben werden. Dazu wird der Cursor mit den sog. 385
59 Pfeiltasten an die zu ändernde Stelle gebracht, und das neue 448
60 Zeichen wird über das alte geschrieben, es ist korrigiert. 507

61 Mit Hilfe der Rücktaste können zu viel geschriebene Zeichen, 573
62 die man gleich bei der Eingabe bemerkt, gelöscht werden. Ein 635
63 nachträgliches Löschen ist mittels der Entferntaste möglich. 698
64 Und mit der Einfügetaste werden fehlende Zeichen eingefügt. 760

Aufgabe: **Den 1. Absatz markieren und versetzen, dass er als 3. Absatz erscheint. Üben Sie auch das Kopieren/Löschen von Absätzen**

15. Übung ; : _

<<< Wiederholung

Ute aß bloß ein bisschen von den süßen, heißen Grießklößen.
Wer weiß es? Wer war größer? Wer nahm Maß? Wer ließ grüßen?

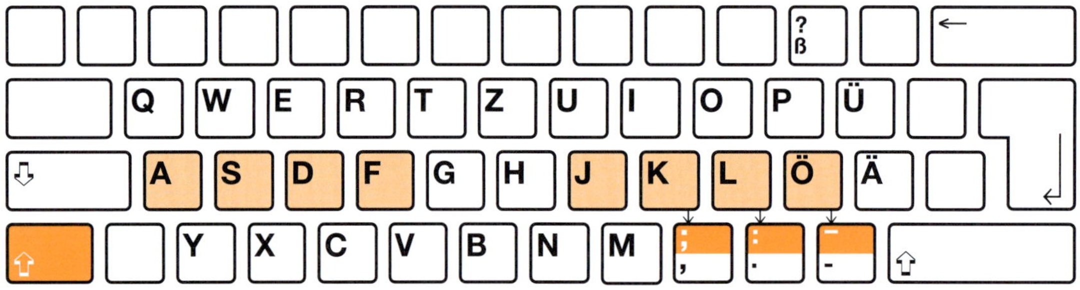

Einführung

Mittelfinger rechts vom **k** zum **;** (Komma mit Umschaltung) und zurück = **k;k**
Ringfinger rechts vom **l** zum **:** (Punkt mit Umschaltung) und zurück = **l:l**
Kl. Finger rechts vom **ö** zum **_** (Mittestrich mit Umschaltung) und zurück = **ö_ö**

k;kj k;kj k;kj k;kl k;kl k;kl k;kö k;kö k;kö k;kj k;kl k;kö
Ute, Eva; Leo, Udo. Ute, Eva; Leo, Udo. Ute, Eva; Leo, Udo.

l:lj l:lj l:lj l:lk l:lk l:lk l:lö l:lö l:lö l:lj l:lk l:lö
Beachte: Merke: Beispiele: Größe: Ergebnis: Verkaufspreise:

ö_öj ö_öj ö_öj ö_ök ö_ök ö_ök ö_öl ö_öl ö_öl ö_öj ö_ök ö_öl
Das Unterstreichen im Text wird auf der Folgeseite erklärt.

Anwendung

Beim Schreiben am Computer kann während des Schreibens oder nachträglich unterstrichen werden. Wird ***sofort*** unterstrichen, muss am Beginn der Unterstreichung der Befehl zum Unterstreichen, am Ende der Unterstreichung der Befehl für die Normalschrift eingegeben werden. Beim nachträglichen Unterstreichen muss der Text vorher markiert werden (siehe Kasten rechts oben auf der nächsten Seite).

Trennt ein Punkt zu stark oder trennt ein Komma zu schwach,
so wird ein Semikolon geschrieben. Das Semikolon steht sehr
oft vor den Bindewörtern denn, doch, deshalb, deswegen usw.

Wir mussten das Handballspiel beenden; denn es wurde Nacht.
Die Sache ist erledigt; darum wollen wir sie nun vergessen.
Du kannst fahren; doch besser wäre es, du bliebst im Hause.

In diesem fruchtbaren Lande wachsen Roggen, Gerste, Weizen;
Kirschen, Pflaumen, Äpfel; Tabak und Hopfen; ferner wachsen
dort noch die verschiedensten Arten von wertvollen Hölzern.

Der Doppelpunkt macht aufmerksam auf das, was folgt. So hat
er die Aufgabe, einen Satz oder ein Satzstück, die den Text
einleiten oder ankündigen, optisch vom Folgenden abzuheben.

Ein Sprichwort heißt: Der Apfel fällt nicht weit vom Stamm.
Deutsch: gut; Mathematik: befriedigend; Englisch: sehr gut.
Das Jahr hat zwölf Monate: Januar, Februar, März, April ...

Eine gern benutzte Hervorhebungsart ist das Unterstreichen.
Das Unterstreichen kann gleichzeitig mit dem Schreiben oder
auch nachträglich erfolgen. Am PC kann man es auch löschen.

Hervorzuhebender Text kann auch durch Einrücken, Zentrieren
oder Großbuchstaben kenntlich gemacht werden. Das Setzen in
Anführungszeichen aber auch der Farbwechsel sind anwendbar.

Der Umschaltfeststeller – Hervorhebungen – Unterstreichen – Großbuchstaben

Häufigkeitswörter

30 die der und in zu den das nicht von sie ist des sich mit dem
31 dass er es ein ich auf so eine auch als an nach wie im wurde

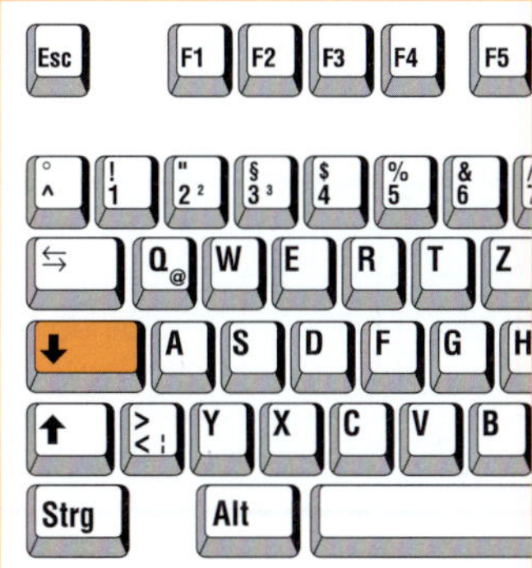

Der Umschaltfeststeller

Der Umschaltfeststeller, der am PC auch Caps Lock genannt wird, ist vornehmlich eine Hilfe beim Schreiben von mehreren unmittelbar aufeinanderfolgenden Großbuchstaben.

Der linke kleine Finger drückt den Umschaltfeststeller (Caps Lock) kurz nieder. – Ein erneuter Druck auf einen der beiden Umschalter löst die Einstellung wieder.

Das Unterstreichen erfolgt wie im Kasten rechts beschrieben. Für Fett und Kursiv sind deren Symbole einzugeben.

Das Unterstreichen gleich bei der Texterfassung:

1. Funktion einschalten. **U**
2. Text schreiben.
3. Funktion ausschalten.

Bei nachträglichem Unterstreichen am PC muss der Text vor der Befehlseingabe markiert werden.

Der Umschaltfeststeller Schreiben Sie jeden Absatz fünfmal!

Anschläge

32 Der Umschaltfeststeller erleichtert das fortlaufende Schrei- 64
33 ben von Großbuchstaben. Beachte hierbei die GROSSSCHREIBUNG. 128

34 Wir bringen zur Frühjahrsmesse das Modell REGINA neu heraus. 66
35 Die Modelle HERBERT und GERHARD werden nicht mehr geliefert. 132

36 Sind die Modelle ULRIKE und ANGELIKA neu aufgenommen worden? 68
37 Die Mannschaft des LIST-GYMNASIUMS war wiederholt siegreich. 137

Hervorheben durch Unterstreichen Bei der Berechnung der Anschläge wurde der folgende Text ohne Unterstreichungen ausgezählt.

38 Zum Unterstreichen gibt es Regeln: Werden z. B. Einzelwörter 67
39 unterstrichen, so wird vom ersten bis zum letzten Buchstaben 129
40 hervorgehoben. Werden Teile von Sätzen oder auch ganze Sätze 194
41 unterstrichen, so werden selbstverständlich die zwischen den 255
42 Wörtern stehenden Zwischenräume mit unterstrichen. Für Satz- 320
43 zeichen gilt, dass sie innerhalb einer Hervorhebung in diese 382
44 einbezogen werden. Satzzeichen am Ende der Hervorhebung wer- 446
45 den nur unterstrichen, wenn sie inhaltlich zum Text gehören. 507

46 Beispiele: Er wird nicht mitkommen. Er wird nicht mitkommen. 65
47 Frau Renate Maier, Fulda, wohnt nun in der Talstraße Nr. 15. 130

Hervorhebung durch Großbuchstaben

48 Einzelwörter und kurze Textstellen können durch Großbuchsta- 64
49 ben hervorgehoben werden. Machen Sie davon sparsam Gebrauch. 128
50 DIE GROSSBUCHSTABEN sind eine von vielen HERVORHEBUNGSARTEN. 193

51 Wenn nach der Hervorhebung durch Großbuchstaben anschließend 257
52 ein Satzzeichen folgt, ist der Umschaltfeststeller zu lösen: 321
53 Sind die Modelle ULRIKE, BÄRBEL und ANGELIKA noch lieferbar? 391

54 In längeren Wörtern wirkt das Großschreiben unübersichtlich. 455
55 Man nimmt es zum Hervorheben kurzer Firmen- und Markennamen: 521
56 BMW-Aktien, VW-Werkstatt, OPEL-Direkthändler, BASF, AEG, BBC 596

57 Sehr geehrter Herr Halberstadt, vor einigen Wochen kündigten 661
58 wir Ihnen unseren Bildband SCHWARZWALD an. Er ist soeben er- 727
59 schienen. Gern senden wir ein Exemplar unverbindlich an Sie. 792

16. Übung 4 und 9

<<< Wiederholung

Karl Otto May; aber: May, Karl Otto. Hans-Joachim Stadtmüller.
Unsere Vertreter für Bayern: Gregor Häßlein; Udo Hinterberger.

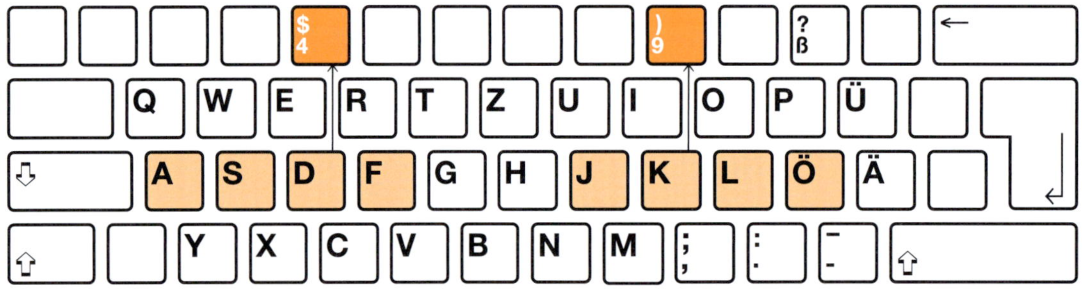

Einführung 4 und 9

Mittelfinger links vom **d** zur **4** und zurück = **d4d**

Mittelfinger rechts vom **k** zur **9** und zurück = **k9k**

d4da d4ds d4df f4d s4d a4d d4a d4s d4f dcded4d d4dedcd dc4cecd
4-fach, am 4. Dezember v. J., am 4. d. M., Robert-Koch-Str. 44

k9kö k9kl k9kj j9k l9k ö9k k9ö k9l k9j k,kik9k k9kik,k k,9,i,k
9 km, 99 Jahre alt, im 9. Jahr, am 9. Februar, Ahornstraße 9 b

Statt der richtigen Nummer 49 wurde irrtümlich 94 ausgedruckt.
Wir sind von der Ahornstraße 49 in den Birkenweg 94 umgezogen.

Zur Geläufigkeit

Nach Zahlen steht ein Leerzeichen: 49 Jahre, 94 Kilo, 49 Eier.
Aneinanderreihung durch Mittestrich: A4-Format, 9-Stunden-Tag.
Ein 4-Zylinder-Motor, 9-jährig, die 9-Jährigen, 4-fach belegt.

4 Diktate, 44 Damen, 444 Dosen, 9 Koffer, 99 Kinder, 999 Kilo.
4 Anlagen, 94 Liter, 949 Meter, 4 Bänder, 94 Wochen, 494 Paar.
4 Minuten, 49 Bogen, 499 Jahre, 4 Fächer, 99 Monate, 499 Tage.

Zahlen mit mehr als drei Stellen sollen gegliedert werden. Man
bildet dann Dreiergruppen, bei Zahlen mit Komma auch links und
rechts des Kommas: 494 949 Einwohner, 49 949,49 kg, 4,949 494.

Aus Sicherheitsgründen sollen insbesondere Geldbeträge mit dem
Punkt gegliedert werden: 4.949 EUR, 4.949,94 USD, 949.949 JPY.
Ihre Rechnung Nr. 9 über 4.994,94 EUR wird am 4. d. M. fällig.

Dezimale Teilungen sind immer mit einem Komma zu kennzeichnen.
Bei runden oder ungefähren Werten dürfen die fehlenden dezima-
len Werte entfallen: 9,44 EUR, 9,494 kg, 94,49 m; 9 EUR, 9 km.

Speichern (sichern) von Daten

Geben Sie den Text als Fließtext ein. Nach dem Formatieren könnte er wie folgt aussehen.

Anschläge

Die Daten, die Sie eingeben und auf dem Bildschirm sehen, kom- 67
men in den Arbeitsspeicher. Dort sind sie aber nur kurzfristig 132
gespeichert. Schalten Sie den Computer aus oder es gibt einmal 198
einen Stromausfall, dann sind Ihre Daten verloren. Dies können 265
Sie verhindern, wenn Sie Ihre Daten immer frühzeitig auf einer 332
Diskette oder Festplatte speichern und vor Verlusten bewahren. 397

Aufgabe: Speichern Sie den Text unter dem Namen: ***sichern.*** Drucken Sie ihn aus.

$ und) – Das geschützte Leerzeichen

Häufigkeitswörter

30 für man aber aus durch wenn nur war noch bei hat wir was einen
31 mir wird sein welche sind oder um haben einer über ihm ihr uns

Das geschützte Leerzeichen

Da ein Computer nicht erkennen kann, dass z. B. zwischen einem Betrag und der Währungseinheit kein Zeilenumbruch erfolgen darf, muss man ihn zwingen, den Betrag und die Währungseinheit in eine Zeile zu bringen. Dies geschieht durch das geschützte Leerzeichen (°). – Geben Sie nach dem Betrag 494,94 die erforderliche Tastenkombination **Str** + **⇧** + **Leertaste** ein, es erscheint das Zeichen °. Schreiben Sie dann die Währungseinheit EUR. Ihr Text sieht dann so aus: 494,94°EUR. Das Zeichen ° für das geschützte Leerzeichen wird nicht gedruckt.

falsch: … in Höhe von 494,94
EUR

richtig: … in Höhe von
494,94 EUR

Aufgabe:

Erfassen Sie mit Rändern von 2,5 und 3,5 cm
a) ohne geschütztes Leerzeichen,
b) mit geschütztem Leerzeichen:

Bereits seit über 4 Wochen ist unsere Rechnung über 494,94 EUR zur Zahlung fällig.
Die Einwohnerzahl der Stadt ist im letzten Jahr auf 4 494 949 angewachsen.

Einführung $ und)

Mittelfinger links vom **d** zum **$** und zurück = **d$d**

Mittelfinger rechts vom **k** zur **)** und zurück = **k)k**

32 d$da d$ds d$df f$d s$d a$d d$a d$s d$f dcded$d d$dedcd dc$cecd
33 Preis: 99 $, Ertrag: 499 $. Unsere Rechnung lautet über 949 $.

34 k)kö k)kl k)kj j)k l)k ö)k k)ö k)l k)j k,kik)k k)kik,k k,),i,k
35 a) Standardbrief, b) Kompaktbrief, c) Großbrief, d) Maxibrief.

36 In Dollar zahlen; 4.949,94 $. Die Rechnung beträgt 9.494,49 $.
37 Wir begleichen Ihre Rechnung mit einem Scheck über 9.494,49 $.

Zur Geläufigkeit

38 Die Symbole für Währungseinheiten und Münzbezeichnungen stehen
39 im Allgemeinen hinter dem Betrag. Sie können aber im Zahlungs-
40 verkehr und im Rechnungswesen dem Betrag vorangestellt werden.

41 Dollar, Zeichen $, Währungseinheit a) USA, b) Kanada, c) Hong-
42 kong, d) Australien, e) Singapur, f) Liberia. $ 494 oder 494 $
43 Die internationale Schreibweise für Dollar: 494 USD, 4.949 CAD

Die Rückgängig-Funktionen

Rückgängig Wiederherstellen

Anschläge

44 Als sehr praktisch werden Sie es finden, wenn Sie einen Fehler 66
45 wieder rückgängig machen können. Nehmen wir an, Sie haben eine 131
46 Zeile, einen Abschnitt oder sogar den ganzen Text aus Versehen 198
47 gelöscht. Klicken Sie einfach auf die Schaltfläche RÜCKGÄNGIG. 268
48 Der irrtümlich gelöschte Text kommt wieder auf den Bildschirm. 332

49 Selbstverständlich kann die Funktion RÜCKGÄNGIG auch über eine 399
50 entsprechende Tastenkombination eingeleitet werden. Dabei sind 464
51 bis zu hundert Arbeitsschritte gespeichert, die dann durch die 528
52 Tastenkombination oder durch das Anklicken der Schaltfläche um 594
53 jeweils einen Arbeitsschritt rückgängig gemacht werden können. 658

54 Und wenn Sie einmal zu eilig eine Maßnahme rückgängig machten, 724
55 die Sie gar nicht wollten, dann ist das auch nicht schlimm. In 789
56 diesem Falle kann z. B. durch Tastenkombination oder Anklicken 856
57 der Schaltfläche WIEDERHERSTELLEN die letzte Maßnahme, die Sie 924
58 rückgängig gemacht haben, auch wieder hergestellt werden. 981

Regeln: Jedes Zeichen, das ein Wort vertritt, hat wie das ausgeschriebene Wort vor und nach sich ein Leerzeichen.
Die Nachklammer folgt unmittelbar auf einen Buchstaben. Beispiele: Wir rechnen mit 4 – 9 $ je Stück. a) b) c)

17. Übung 5 und 8

<<< Wiederholung

1 Wir hatten am 4. November 9 Damenkleider in Größe 44 bestellt.
2 $, Münzeinheit: a) USA, b) Kanada, c) Australien. 494 $, $ 494

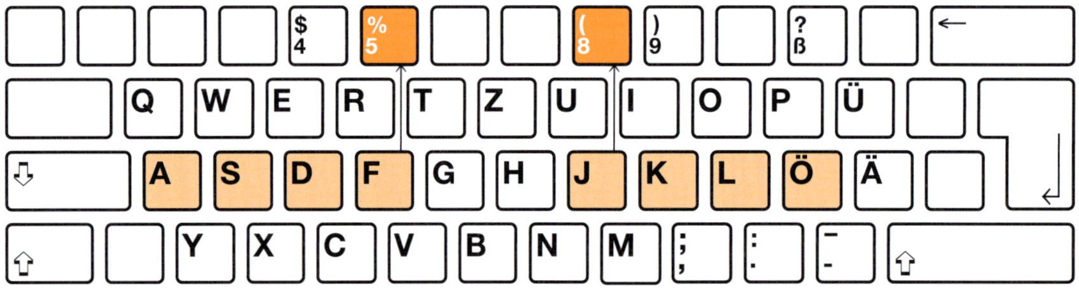

Einführung 5 und 8

Zeigefinger links vom **f** zur **5** und zurück = **f5f**

Zeigefinger rechts vom **j** zur **8** und zurück = **j8j**

3 f5fa f5fs f5fd d5f s5f a5f f5a f5s f5d fvfrf5f f5frfvf fv5vrvf
4 5 Tage, am 5. April, 55 Jahre, beim 5-Uhr-Tee, am 5. Dezember.

5 j8jö j8jl j8jk k8j l8j ö8j j8ö j8l j8k jmjuj8j j8jujmj jm8mumj
6 Übung 8, 88 Jahre alt, am 8. d. M., das 8. Kapitel, am 8. Mai.

7 Das 8-geschossige Mietshaus befindet sich in der Badstraße 85.
8 Der 58-Jährige fährt für 4 Wochen zur Kur nach Bad Oeynhausen.

Zur Geläufigkeit

9 Das Internet ist das größte Computernetzwerk der Welt. Die In-
10 formationen, die das Internet zur Verfügung stellt, sind meist
11 kostenlos. Mit dem Internet haben Sie Zugang zu vielen Themen.

12 Um angebotene Dienste des Internets nutzen zu können, brauchen
13 Sie natürlich einen Computer. Das kann ein tragbarer Computer,
14 also ein Notebook, es kann auch ein stationärer Computer sein.

15 Um das Internet zu nutzen, braucht man dann noch ein Programm.
16 Diese Programme werden von den meisten Unternehmen, die solche
17 Internet-Anschlüsse liefern, kostenlos zur Verfügung gestellt.

18 Die Internet-Provider sind Unternehmen, die den Zugang zum In-
19 ternet ermöglichen. Hierfür verlangen sie eine Gebühr, die un-
20 terschiedlich ist. Anfangs ist oft die Nutzung noch kostenlos.

21 Auch mit E-Mail - elektronischer Post - wird weltweit zwischen
22 den Menschen kommuniziert. Außer Anschlusskosten des Internet-
23 Providers kommen je nach Vertrag Kosten für Verbindungen dazu.

Kopieren Sie sich Sicherheitsdisketten

Anschläge

24 Machen Sie es sich zum Grundsatz, nie mit Originaldisketten zu 67
25 arbeiten. Stellen Sie eine Kopie her. Arbeiten Sie mit dieser. 135
26 Wird dann einmal durch unglückliche Umstände eine Diskette be- 201
27 schädigt und unbrauchbar, so kann von der Originaldiskette er- 265
28 neut eine Kopie hergestellt werden. Verwahren Sie deshalb Ihre 332
29 Originaldisketten an einem geschützten und sicheren Platz auf. 396

Aufgabe: **Speichern Sie den Text unter dem Namen: *Kopien.* Drucken Sie ihn aus.**

% und (– Formatieren von Texten

Häufigkeitswörter

30 diese einem da zum zur kann doch vor dieser mich ihn nun hatte
31 du seine mehr am denn unter sehr selbst schon hier bis vom aus

Mit **Formatieren** bezeichnet man das Gestalten eines Textes. So können Sie z. B. die Schriftgröße, den **Schriftgrad,** ändern. Sie können aber auch durch Klick auf eines der Symbole **F,** ***K*** **oder <u>U</u>** den **Schriftstil** verändern und Ihren Text dann **fett,** *kursiv* oder <u>unterstrichen</u> darstellen.

Zum nachträglichen Formatieren müssen die Textteile vorher markiert sein. Mit einem erneuten Anklicken eines der Symbole wird die Hervorhebung wieder aufgehoben.

Schriftgrad	Arial 8 Arial 10 Arial 12
Schriftstil	**fett** *kursiv* <u>unterstrichen</u>

Einführung % und (

Zeigefinger links vom **f** zum **%** und zurück = **f%f**

Zeigefinger rechts vom **j** zur **(** und zurück= **j(j**

32 f%fa f%fs f%fd d%f s%f a%f f%a f%s f%d fvfrf%f f%frfvf fv%vrvf
33 5 % Zinsen, 8,5 % Reingewinn, 48 % der Stimmen, 85 % erreicht.

34 j(jö j(jl j(jk k(j l(j ö(j j(ö j(l j(k jmjuj(j j(jujmj jm(mumj
35 Frankfurt (Main), Limburg (Lahn), Unna (Westf.), Köln (Rhein).

36 Der Reingewinn unserer Firma erhöhte sich von 5,8 % auf 8,5 %.
37 Von Frankfurt (Main) bis nach Limburg (Lahn) gab es oft Staus.

Zur Geläufigkeit

38 5 % Rabatt, 89 % bestanden die Prüfung, ein Verlust von 5,4 %.
39 ein 5-prozentiger Abschlag, auch möglich: ein 5%iger Abschlag.
40 Die Sollzinsen werden ab sofort von 8 % auf 9 % heraufgesetzt.

41 Er wundert sich (so schreiben Sie), dass ich so selten anrufe.
42 Er sagt (es ist kaum zu hören), dass er nach Ulm (Donau) geht.
43 Dies war (weißt du es noch?) immer der Grundsatz des Meisters.

Texte formatieren

Formatieren Sie »Schriftgrad«, »Schriftstil« und das Wort »fett« schon bei der Texteingabe und »kursiv« und »unterstrichen« nachträglich.

Anschläge

44 Wer Texte formatiert, gibt ihnen eine andere Form, ein anderes 66
45 Aussehen. Der Text wird bei der Eingabe zunächst einmal in der 132
46 Standardformatierung erfasst. Dies könnte bei Verwendung einer 198
47 Schreibmaschinenschrift die Schriftart COURIER sein. Aber wenn 266
48 diese Schriftart nicht zusagt, wählen Sie einfach eine andere. 331

49 So können auch der **Schriftgrad**, also die Schriftgröße, und der 397
50 **Schriftstil**, nämlich **fett**, <u>unterstrichen</u> und *kursiv*, verändert 461
51 werden. Die Zeichenformate können über die Format-Symbolleiste 528
52 oder über das Menü FORMAT wie auch mit einer Tastenkombination 595
53 verändert werden. Am leichtesten geht es mit der Symbolleiste. 660

54 Für die Absatzformatierung sind in der Formatierungsleiste die 726
55 Schaltflächen für eine linksbündige, zentrierte, rechtsbündige 790
56 Ausrichtung und für den Blocksatz angeboten. Beim Eingeben von 857
57 Text muss eine entsprechende Formatierung eingestellt, bereits 922
58 vorhandener Text muss vor der Formatierung markiert werden. 983

Regeln: **Klammern stehen immer ohne Leerzeichen vor und nach dem eingeschlossenen Text. In Gliederungen folgt die Klammer unmittelbar auf den Buchstaben. – Beispiele: Köln (Rhein), Ulm (Donau), a) b) c) aber 1. 2. (ohne Klammer).**

18. Übung 6 und 7

<<< Wiederholung

1 Der Beitrag erhöhte sich von 45 EUR auf 55 EUR im Vierteljahr.
2 Der Mitgliederbestand (April bis August d. J.) stieg um 5,8 %.

Einführung 6 und 7

Zeigefinger links vom **f** zur **6** und zurück = **f6f**

Zeigefinger rechts vom **j** zur **7** und zurück = **j7j**

3 f6fa f6fs f6fd d6f s6f a6f f6a f6s f6d fvftf6f f6ftfvf fv6vtvf
4 am 6. Januar, 6 Fehler, mit 6 Jahren, sein sechsjähriger Sohn.

5 j7jö j7jl j7jk k7j l7j ö7j j7ö j7l j7k jmjuj7j j7jujmj jm7mzmj
6 vom 7. April ab, gegen 7 Uhr, mit 7 Jahren, sieben Weltwunder.

7 Viele kommen in jedem Jahr am 6. Januar zum Dreikönigstreffen.
8 Unsere Geschäftsstelle befindet sich in der Mozartstraße 67 a.

Zur Geläufigkeit

9 Vollständigkeit und Richtigkeit der Anschriften sind entschei-
10 dend für eine schnelle Bearbeitung und Zustellung der Sendung.
11 Hat der Empfänger ein Postfach, so ist dieses stets anzugeben.

12 <u>Postfachnummern</u> gliedert man von rechts beginnend in zweistel-
13 lige Gruppen: Postfach 58 67, Postfach 4 58 67, Postfach 6 76.
14 Die Post legt Briefsendungen zur Abholung in das Postfach ein.

15 Postsendungen müssen unbedingt korrekt freigemacht werden. Das
16 kann durch Aufkleben von Briefmarken oder durch Freistempelung
17 erfolgen, sonst werden Fehlbeträge und Einziehungsgeld fällig.

18 <u>Straßennamen</u> schreibt man verschieden. Versuchen Sie Regeln zu
19 erkennen: Goethestraße, Bergstr.; Berliner Weg, Kieler Straße;
20 Werner-von-Siemens-Straße; Unter den Linden; Am Alten Brunnen.

21 <u>Die Postleitzahl (PLZ)</u> wird immer ungegliedert und fünfstellig
22 geschrieben: 76879 Hochstadt, 76646 Bruchsal, 74579 Fichtenau.
23 Unsere neue Anschrift: Schillerstr. 67, 67746 Unterjeckenbach.

Markieren von Textstellen

Anschläge

24 Wollen Sie nachträglich Textteile hervorheben, löschen, kopie- 66
25 ren, verschieben oder auch andere Formatierungsfunktionen vor- 130
26 nehmen, so müssen die Textteile markiert werden. Durch Markie- 196
27 ren wird also jener Bereich bestimmt, der für diese Aktion he- 261
28 rangezogen und vom übrigen Text abzugrenzen ist. Der markierte 326
29 Text ist auf dem Bildschirm optisch deutlich sichtbar gemacht. 390

Aufgabe: Markieren Sie die Wörter »hervorheben, löschen, kopieren und verschieben«. Wandeln Sie diese in Kursivschrift um. Markieren Sie den 2. Satz, wandeln Sie diesen in Fettschrift um. – Wandeln Sie den veränderten Text wieder in Normalschrift um.

Häufigkeitswörter

30 ihre dann ihnen seiner alle wieder meine Zeit gegen ganz eines
31 einzelnen wo ohne können sei ja wurde jetzt immer seinen ihres

Die Rechtschreibprüfung

Mit der Rechtschreibprüfung werden alle Wörter eines Textes auf die richtige Schreibweise überprüft. Fehlerhafte Wörter werden angezeigt, indem sie rot unterstrichen werden. Sie können berichtigt werden. Hierzu stehen Ihnen unter **Überprüfen – Dokumentprüfung – Rechtschreibung und Grammatik** die folgenden Möglichkeiten zur Verfügung:

- **Ignorieren,** wenn die Schreibweise richtig ist. So schlägt Ihnen das Programm Bruchzahl vor, wenn Sie den richtigen Ortsnamen Bruchsal eingeben.
- **Ändern,** wenn ein falsches Wort berichtigt werden soll, z. B. Bismark = Bismarck, Republick = Republik.
- **Hinzufügen,** wenn ein Wort zusätzlich im Wörterbuch aufgenommen werden soll, z. B. Myopie für Kurzsichtigkeit.

Einführung & und /

Zeigefinger links vom **f** zum **&** und zurück = **f&f**

Zeigefinger rechts vom **j** zum **/** und zurück = **j/j**

32 f&fa f&fs f&fd d&f s&f a&f f&a f&s f&d fvftf&f f&ftfvf fv&vtvf
33 Roth & Selb, Huber & Söhne OHG, Haas & Co., Maier GmbH & Co KG

Beide Formen Co. und Co sind möglich.

34 j/jö j/jl j/jk k/j l/j ö/j j/ö j/l j/k jmjuj/j j/jujmj jm/mzmj
35 Die Klage Müller ./. Schulz; HSV - KSC; 5/8 %, 5 5/8 % Zinsen.

36 Die Firma Blau & Roth eröffnet in der Bachstr. 76/78 ein Werk.
37 Mit 67 km/h war er zu schnell gefahren. Die Monate März/April.

./. wird z. B. in Schriftsätzen bei Rechtsstreitigkeiten für »gegen« verwendet, sonst wird der Mittestrich als Zeichen für »gegen« benutzt. VfB – FCK

Zur Geläufigkeit

38 Aus Kleinbuchstaben o und / wird das Promillezeichen gebildet.
39 Die Maklergebühr der Firma Bergmann & Reinhard beträgt 8 o/oo.
40 Uhlandt & Co. zahlen außer Gehalt und Spesen 5 o/oo Provision.

41 Burgweg 66 u. 67, Burgweg 66/67, Burgweg 66 - 68, Burgweg 6 a.
42 Seine Wohnung befindet sich in der Werner-von-Siemens-Str. 76.
43 Im Prozess Mayer ./. Müller & Co. erging am 6. Mai das Urteil.

Ignorieren – Nie ändern – Ändern

Anschläge

44 Mit Hilfe der Rechtschreibprüfung können Sie die Dokumente auf 68
45 die Rechtschreibung hin überprüfen. So kann man Tippfehler und 134
46 Buchstabenverdreher leicht erkennen. Darüber hinaus vergleicht 199
47 das Programm jedes Wort mit Eintragungen in seinem Wörterbuch. 266
48 Was falsch oder nicht im Wörterbuch steht, das wird angezeigt. 331

49 Wollen Sie eine Rechtschreibprüfung für das ganze Dokument, so 398
50 bringen Sie den Cursor an eine beliebige Stelle des Dokuments. 465
51 Soll nur ein Teil des Dokuments überprüft werden, markiert man 431
52 den betreffenden Bereich. Wählen Sie im Menü EXTRAS den Befehl 600
53 RECHTSCHREIBUNG oder klicken Sie auf das entsprechende Symbol. 667

54 Nun werden Ihnen in der Regel vom Programm Änderungsvorschläge 735
55 unterbreitet. Wurde das beanstandete Wort richtig geschrieben, 800
56 dann klicken Sie IGNORIEREN an. NIE ÄNDERN bedeutet, dass auch 868
57 bei erneutem Vorkommen das Wort nicht geändert wird. Wird aber 934
58 der Änderungsvorschlag akzeptiert, dann klickt man auf ÄNDERN. 999

Regeln: Das Zeichen & wird nur in Firmennamen verwendet. Vor und nach ihm ist stets ein Leerzeichen zu lassen. Der Schrägstrich wird als Bruch- oder Gliederungsstrich und auch im Zeichen für »gegen« = ./. verwendet: 3/4, 79/80, Müller ./. Roth.

19. Übung 3 und 0

<<< Wiederholung

Das 6-Tage-Rennen wird am 6. Juni mit 7 Mannschaften beginnen.
Der Fahrer der Firma Weber & Berg fuhr mit 67 km/h zu schnell.

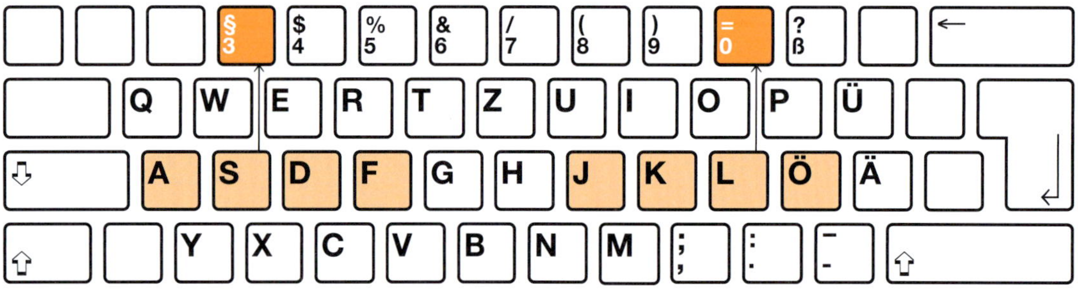

Einführung 3 und 0

Ringfinger links vom **s** zur **3** und zurück = **s3s**

Ringfinger rechts vom **l** zur **0** und zurück = **l0l**

s3sf s3sd s3sa a3s d3s f3s s3a s3d s3f sxsws3s s3swsxs sx3xwxs
33 Säcke, 34 Stück, 335 Seemeilen, 394 Stunden, 34.567,89 EUR.

l0lj l0lk l0lö ö0l k0l j0l l0ö l0k l0j l.lol0l l0lol.l l.0.o.l
zahlbar in 30 Tagen, 0 Fehler, 3 : 0, 0 : 3, null und nichtig.

Wir werden vom 3. bis zum 5. Mai unser Werk geschlossen haben.
Die Null, Nullleiter, auch Null-Leiter, sie fängt bei null an.

Zur Geläufigkeit

Die Telefon- und Telefaxnummern sind funktionsbezogen durch je
ein Leerzeichen zu gliedern. 03603 33049 (Vorwahl mit Nummer);
Fax-Einzelanschluss: 030 9867; Durchwahlanschluss: 030 9867-30

Mit einem ISDN-Anschluss stehen dem Teilnehmer mindestens zwei
getrennte Leitungen und mindestens drei Rufnummern zu. Es kann
also gleichzeitig telefoniert, gefaxt und auch gesurft werden.

Das Internet ist das Computernetz, das weltweit die Kunden zum
Austausch von Nachrichten verbindet. Durch T-Online ermöglicht
die Deutsche Telekom den Zugang zum Internet sowie zur E-Mail.

Uhrzeiten werden bei der Angabe in Stunden und Minuten oder in
Stunden, Minuten und Sekunden immer zweistellig angegeben. Der
Doppelpunkt gliedert: 03:30 Uhr, 00:30:03 Uhr, aber: um 3 Uhr.

Besuchszeit: 08:30 - 09:30 Uhr, aber: von 08:30 bis 09:30 Uhr.
Wir fahren am 3. November bereits um 07:50 Uhr vom Bahnhof ab.
Am 3. Mai trafen wir bereits um 6 Uhr in Frankfurt (Oder) ein.

Drucken von Texten

Anschläge

Auch im Computerzeitalter müssen die Texte auf Papier gebracht 67
werden. Ist der Drucker entsprechend dem Handbuch installiert, 133
muss er eingeschaltet werden. Ist Papier in ausreichender Men- 198
ge vorhanden, kann sowohl auf Einzelblättern als auch auf End- 263
lospapier ausgedruckt werden. Diese und u. U. noch weitere An- 329
gaben werden über ein eingeblendetes Druckbildmenü eingegeben. 392

Aufgabe: **Speichern Sie den Text unter dem Namen: *drucken.* Drucken Sie ihn aus.**

§ und = – Die verschiedenen Drucker

Häufigkeitswörter

30 wohl Wohl dieses würde Würde diesen sondern weil welcher alles
31 nicht diesem waren will Herr viel mein also soll worden lassen

Die Drucker dienen zur Ausgabe der eingegebenen Daten.

Es gibt verschiedene Arten von Druckern, die sich hinsichtlich des Druckverfahrens, der Druckqualität, der Druckgeschwindigkeit und des Druckgeräusches unterscheiden.

Nadeldrucker (Matrixdrucker) sind Drucker, die mit einem Nadeldruckkopf jedes Zeichen mit Hilfe einer Punktmatrix erzeugen. Nadeldrucker arbeiten mit 9, 12, 24 oder 48 Nadeln. Je mehr Nadeln, desto besser die Schrift.

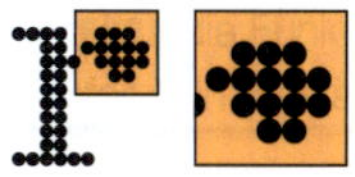

Tintenstrahldrucker sind Matrixdrucker. Anstelle von Nadeln befinden sich im Druckkopf kleine Tintendüsen. Sie spritzen Tinte tröpfchenweise aufs Papier.

Farbtintenstrahldrucker erfreuen sich großer Beliebtheit, da sie preiswerter sind als Farblaserdrucker.

Laserdrucker funktionieren ähnlich wie Fotokopierer. Ein Laserstrahl erzeugt Zeichen und bringt sie elektrofotografisch aufs Papier.

Einführung § und =

Ringfinger links vom **s** zum **§** und zurück = **s§s**

Ringfinger rechts vom **l** zum **=** und zurück = **l=l**

32 s§sf s§sd s§sa a§s d§s f§s s§a s§d s§f sxsws§s s§swsxs sx§xwxs
33 ein neuer Paragraf, nach § 30, die §§ 3 bis 8, die §§ 3 und 7.

34 l=lj l=lk l=lö ö=l k=l j=l l=ö l=k l=j l.lol=l l=lol.l l.=.o.l
35 6 - 3 = 3, 3 . 3 = 9, 48 : 6 = 8, 3 hl = 300 l, 3 kg = 3 000 g

36 DIN 5008 = Schreib- und Gestaltungsregeln f. Textverarbeitung;
27 DIN = Abkürzung für: Deutsches Institut für Normung in Berlin.

Zur Geläufigkeit

38 Ein Nachlass von 30 % aus 3.000 EUR = 900 EUR ist abzugsfähig.
39 Im August haben wir 3 o/oo Provision = 300 EUR gutgeschrieben.
40 Dein Vertrag hat 30 Paragrafen; in § 6 Abs. 3 Satz 4 steht ...

41 Die Zeichen § und §§ werden nur dann verwendet, wenn nach die-
42 sen Zahlen folgen: § 33, die §§ 30 bis 33; aber: 3 Paragrafen.
43 Bitte lesen Sie noch einmal in § 33 die letzten Absätze durch.

Drucker **Bei der Berechnung der Anschläge wurde der folgende Text ohne Berücksichtigung des Fettdrucks ausgezählt.**

Anschläge

44 **Mit einem Drucker** können Sie Briefe, Rechnungen, Rundschreiben 69
45 und vieles mehr erstellen. Beim Kauf ist zunächst zu entschei- 134
46 den, ob Sie mit einem Schwarzweißdrucker auskommen oder lieber 199
47 den teureren Farbdrucker bevorzugen. Im Gebrauch sind meistens 266

48 **Tintenstrahldrucker.** Sie erzeugen hochwertige Ausdrucke zu ei- 332
49 nem relativ niedrigen Preis. Tintenstrahldrucker verwenden Pa- 398
50 tronen, die, nachdem sie verbraucht sind, ausgetauscht werden. 461
51 Die Tintenstrahldrucker sprühen durch Düsen Tinte aufs Papier. 529

52 **Laserdrucker** arbeiten mit hoher Druckgeschwindigkeit. Sie sind 595
53 zudem leise und erzeugen die schönsten Schriften. Sie arbeiten 660
54 ähnlich wie ein Kopiergerät mit fein pulverisierter Tinte, dem 725
55 so genannten Toner, der in einer Patrone aufbewahrt wird. Wenn 791
56 die Tonerpatrone leer ist, so kann man sie leicht austauschen. 854

Regeln: Das Zeichen § steht nur in Verbindung mit darauf folgenden Zahlen. Zwischen dem Doppelzeichen §§ steht ***kein*** Leerzeichen.
Beispiele: § 3, die §§ 3 bis 9; aber: Ein Paragraf wurde geändert. Das Gesetz umfasst 30 Paragrafen.

20. Übung 2, 1 und

<<< Wiederholung

Das BGB = Bürgerliche Gesetzbuch, das HGB = Handelsgesetzbuch.
Es sind künftig in § 30 noch die Abschnitte 3 und 4 zu ändern.

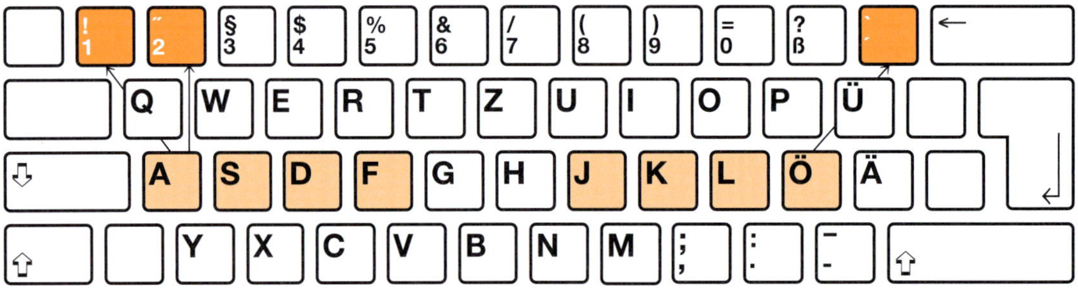

Einführung 2 1

Kleiner Finger links vom **a** zur **2** und zurück = **a2a**
Kleiner Finger links vom **a** zur **1** und zurück = **a1a**

Kleiner Finger rechts vom **ö** zum ´ und zurück = **ö´ö**
Erst Akzenttaste, dann betreffenden Buchstaben anschlagen!

a2af a2ad a2as s2a d2a f2a a2s a2d a2f ayaqa2a a2aqaya ay2yqya
2 bis 3 Stunden, in 2 Minuten, mit 20 Angestellten, um 22 Uhr.

a1af a1ad a1as s1a d1a f1a a1s a1d a1f ayaqa1a a1aqaya ay1yqya
1 Anlage, 1 Durchschlag, 1 Arbeiter, 12:21 Uhr, 11 bis 12 EUR.

öéöj öéök öéöl léö kéö jéö öél öék öéj ö-öpöéö öéöpö-ö ö-é-p-ö
Übe mit Accent aigu: Réaumur, Orléans, Varieté, Café, Attaché.

Zur Geläufigkeit

Das alphanumerische Datum: z. B. 2. Mai 2013 und 12. Juli 2013
Die Entscheidung wurde am 2. Februar 2013 in Berlin getroffen.

Ein numerisch anzugebendes Datum wird in der Reihenfolge Jahr,
Monat, Tag mit <u>Mittestrich</u> oder Tag, Monat, Jahr mit <u>Punkt</u> ge-
gliedert. Tag und Monat sind 2-stellig zu schreiben, die Jahre
werden immer 4-stellig geschrieben: 2013-01-12 oder 12.01.2013

Bankleitzahlen vereinfachen den Zahlungsverkehr. Es werden von
links nach rechts zwei Dreiergruppen und eine Zweiergruppe ge-
bildet. Postbank Köln: 370 100 50, Sparkasse Essen: 360 501 05

Die römischen Zahlzeichen werden vor allem zur Angabe von Jah-
reszahlen in Inschriften benutzt. Sie werden ferner in Gliede-
rungen verwendet. Folgende sieben Grundzeichen werden benutzt:

I = 1, V = 5, X = 10, L = 50, C = 100, D = 500 sowie M = 1000.
Für ihn gilt die Steuerklasse III, für sie die Steuerklasse V.
Karl I. (Karl der Große) wurde im Jahre DCCC deutscher Kaiser.

Urheberrechtsschutz, Datenschutz

Anschläge

Das Urheberrecht soll geistiges Eigentum schützen. Es ist also 67
verboten, Programme ohne Genehmigung zu kopieren, zu verkaufen 132
oder zu tauschen. Ebenso wichtig ist, dass alle Bürger vor dem 197
Missbrauch der persönlichen Daten geschützt werden. Das Gesetz 264
muss also abwägen, welche Gefahren für einen Bürger entstehen, 329
wenn Daten in fremde Hände kommen. Hiervor ist er zu schützen. 394

Aufgabe: **Speichern Sie den Text unter dem Namen: *schutz.* Drucken Sie ihn aus.**

Häufigkeitswörter

30 dies machen ihren weiter leben Leben recht Recht etwas welches
31 keine seinem ob dir allen großen Jahre Weise weise müssen wäre

Der ASCII-Code (**A**merican **S**tandard **C**ode for **I**nformation **I**nterchange) ermöglicht es, dass mit dem Computer wesentlich mehr Zeichen dargestellt werden können, als auf der Tastatur vorhanden sind.

Drücken Sie die Alt-Taste. Geben Sie bei gedrückter Alt-Taste auf dem Ziffernblock die Zahl 130 ein. Nach dem Loslassen der Alt-Taste erscheint é. Schreiben Sie die Akzente dieser Übung, wenn sie über die Tastatur nicht direkt eingegeben werden können, mit Alt und der entsprechenden Code-Nummer:

	ASCII	ANSI
Zeilen 7 und 8:	Alt 130 = é	0233
Zeilen 36 und 37:	Alt 133 = à	0224
	Alt 138 = è	0232
Zeilen 38 und 39:	Alt 136 = ê	0234
	Alt 147 = ô	0244

Windows-Programme arbeiten mit ANSI-Tabellen. Bringen Sie die Einfügemarke an die Stelle, an der das Sonderzeichen eingefügt werden soll. Wählen Sie im Menü **Einfügen – Sonderzeichen.** Klicken Sie auf das Zeichen und auf Einfügen.

Einführung " ! ` ^

Kleiner Finger links vom **a** zum **"** und zurück = **a"a**
Kleiner Finger links vom **a** zum **!** und zurück = **a!a**

Kleiner Finger rechts vom **ö** zum ` und zurück = **ö`ö**
ê mit Alt + 0234 bilden bzw. Taste neben 1 = ^ nehmen.
Maschinenschreiber: aus ´ und ` zusammensetzen = ^.

32 a"af a"ad a"as s"a d"a f"a a"j a"k a"l a"ö Hotel "Stadt Celle"
33 " = Zeichen für Zoll: Schreibschritt 1/10" = 2,54 mm, Ø 1 1/2"

34 a!af a!ad a!as s!a d!a f!a a!s a!d a!f ayaqa!a a!aqaya ay!yqya
35 Achtung! Fertig! Los! Halt! Vorsicht! Einfahrt! Guten Appetit!

36 öàöj öàök öàöl làö kàö jàö öàl öàk öàj ö-öpöàö öàöpö-ö ö-à-p-ö
37 Übe mit Accent grave: à la carte, vis-à-vis, Ampère, 2 mètres.

38 öêöj öêök öêöl lêö kêö jêö öêl öêk öêj ö-öpöêö öêöpö-ö ö-ê-p-ö
39 Übe mit Accent circonflexe: Crêpe de Chine, Rhône, tête-à-tête

Zur Geläufigkeit

40 **Die Anführungszeichen** stehen vor und hinter der direkten Rede.
41 Anführungszeichen dienen auch zur Hervorhebung von Textteilen.

42 Die Kassiererin sagte: "Alle Karten sind bereits ausverkauft."
43 "Alle Karten sind bereits ausverkauft", sagte die Kassiererin.
44 "Alle Karten", so die Kassiererin, "sind bereits ausverkauft."

45 "Morgen früh", versprach Claudia, "komme ich bestimmt wieder."
46 Er fragte: "Wie geht es dir?" Wer kennt "Des Teufels General"?
47 Die Modelle "Hans" und "Uwe" sind leider nicht mehr lieferbar.

48 Wenn eindeutig erkennbar ist, dass es sich um einen Titel han-
49 delt, dann wird auf die Anführungszeichen oft ganz verzichtet.
50 Der Artikel wurde vorige Woche im FOCUS ausführlich behandelt.

Aus der Entwicklungsgeschichte des Computers

Anschläge

51 Konrad Zuse gilt heute als der Erfinder der ersten programmge- 66
52 steuerten elektronischen Rechenanlage. Er beginnt 1934 in Ber- 132
53 lin und nennt seine Modelle "Z 1" und "Z 2". Aber erst im Jah- 204
54 re 1941 gelingt ihm mit seiner "Z 3" ein funktionsfähiger Com- 271
55 puter. Ein Nachbau befindet sich im Deutschen Museum München. 338

56 Obwohl der Computer als Rechner konzipiert war, wird er häufig 404
57 für die Textverarbeitung eingesetzt. Das hat seinen Grund: War 472
58 am Anfang eine Großrechneranlage eine Anlage, die einen großen 538
59 Platz beanspruchte, die sehr teuer war, so wurden die Rechner, 603
60 die wir benutzen, kleiner, billiger und auch leistungsfähiger. 665

Regeln: Anführungszeichen werden ohne Leerzeichen vor und nach den Textteilen, die von ihnen eingeschlossen sind, geschrieben.
Als Zeichen für Zoll oder Sekunde verwendet, stehen sie ohne Leerzeichen unmittelbar hinter den Zahlen.

21. Übung + * # ' @ µ ° < > ² ³

<<< Wiederholung

1 Achtung! Dieser Zug wird nur 1 bis 2 Minuten Aufenthalt haben.
2 Béatrice und René aßen im Hôtel "Strasbourg" stets à la carte.

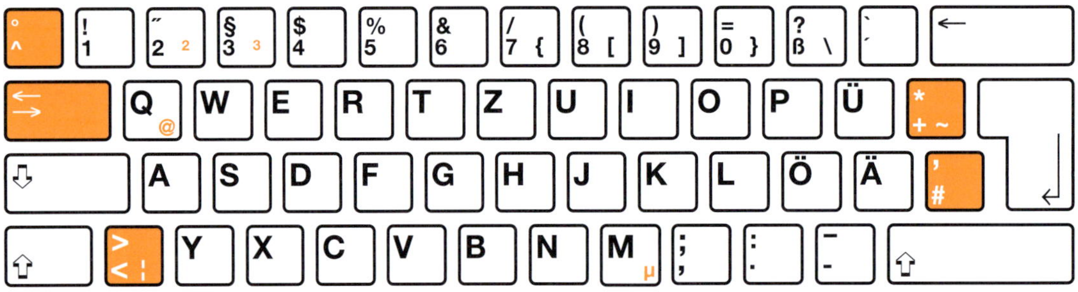

Einführung und Anwendung

Bei Tasten mit Dreifachbelegung Alt-Gr-Taste drücken und Sonderzeichen anschlagen.

Kl. Finger links vom **a** zum ^ mit ° und zurück = **a^a**
Kl. Finger links vom **a** zum < mit > und zurück = **a<a**
Kl. Finger rechts vom **ö** zum + mit * und zurück = **ö+ö**
Kl. Finger rechts vom **ö** zum # mit ' und zurück = **ö#ö**

3 **Übe das Pluszeichen:** ö+ö ö+ö +ö+ +ö+ ö+ö +ö+ 1 + 2 = 3, a + b.
4 Sie muss mit 165 m (150 + 10 % Verschnitt) sehr gut auskommen.
5 + = gestorben: Beethoven, van, + 1827; Wagner, Richard, + 1883

6 **Übe den Stern:** ö*ö ö*ö *ö* *ö* ö*ö *ö* geboren = *, * 25-05-15
7 Johann Wolfg. v. Goethe, * 1749; Friedrich v. Schiller, * 1759
8 Für Fußnoten sind höchstens 3 Sterne zu verwenden: *, **, ***.

9 **Übe das Zeichen für Nummer(n):** öäö ö#ö #ö# # 123, Modell # 456
10 Nummernzeichen werden nur mit darauf folgender Zahl verwendet.
11 Der Artikel # 1 ist da; die Artikel # 2 und 3 sind vergriffen.

12 **Übe das Auslassungszeichen (Apostroph):** öäö ö'ö 'ö' 's war gut
13 So'n (ein) Blödsinn! Lu'hafen am Rhein (Ludwigshafen am Rhein)
14 Herr Roth fragt: "Sind die Modelle 'Ute' und 'Eva' lieferbar?"

15 Auf einigen Tasten befindet sich noch ein drittes Zeichen. Für
16 das Zeichen ist Alt-Gr zu halten und das Zeichen anzuschlagen.
17 Wir haben Ihnen heute unter <u>gerhard.maier@aol.com</u> geantwortet.

18 **Übe das Zeichen für Mikro... = µ:** aµa aµa µaµ µm = Mikrometer,
19 µg = Mikrogramm. Mikro bedeutet "klein", ein millionstel einer
20 Einheit; so bedeutet z. B. Mikrometer = ein millionstel Meter.

21 **Übe das Zeichen für Grad:** a°a a°a, ein Winkel von 90°, etwa 5°
22 Bei Temperaturangaben steht zwischen Gradzeichen und Kennbuch-
23 staben der Temperaturskala <u>kein</u> Leerzeichen: °C, 20 °C, -20 °C

24 **Übe die mathematischen Zeichen für kleiner und größer als ...:**
25 Zeichen für "kleiner als ..." = <; < als 100 m = 0 bis 99,99 m
26 Zeichen für "größer als ..." = >; > als 10 = 11 bis unendlich.

Alt-Gr-Taste gedrückt halten und 2 bzw. 3 anschlagen

27 **Übe die hochgestellten Zahlen m^2 und m^3:** aya a^2a s^3s 2 m^2 5 m^3
28 Die Wohnfläche beträgt 120 m^2, der umbaute Raum rund 1 200 m^3.
29 Laut Gesetz wird statt qm und cbm stets m^2 und m^3 geschrieben.

Fehlen hochgestellte Zahlen, schreibt man 1 1/2-zeilig und stellt die auf der Tastatur vorhandenen Zahlen hoch. Den Zeilenabstand stellen Sie im Menü **Format/Absatz** auf 1,5. Schreiben Sie den Text (hier die 1). Markieren Sie diese und wählen Sie **Format – Zeichen – hochgestellt.**

30 <u>Als Fußnoten-Hinweiszeichen</u> werden entweder hochgestellte Zah-
31 len aus arabischen Ziffern oder Sonderzeichen[1] verwendet.

32 [1] z. B. Sterne, die man bis zu höchstens 3 Fußnoten verwendet.

Standardtabulator, Linealtabulator, Menütabulator

Standard-Tab

In Winword-Programmen sind Tabulatorstopps von 1,25 cm voreingestellt. Da man mit diesen schmalen Spalten meist nur mit kleineren Schriftgraden arbeiten kann, stellen Sie im Menü **Format/Tabulator** als Wert für die Standard-Tabs 4 cm ein und wählen die linksbündige Ausrichtung.

4 cm	4 cm	4 cm	
Name	Vorname	Geburtsdatum	Geburtsort
Ackermann	Rolf	1991-05-01	Fürstenwalde
Berghöfer	Hans-Dieter	1993-02-10	Dresden
Dietrich	Roland	1992-10-22	Meißen
Ebert	Joachim	1994-12-08	Weimar
Friedrich	Peter	1993-02-14	Brandenburg

Lineal-Tab

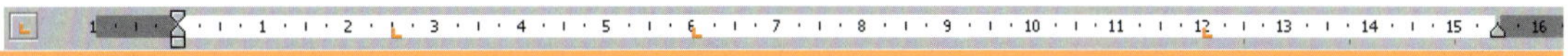

Während man bei gleichmäßig breiten Spalten mit dem Standard-Tab arbeiten kann, verwendet man für unterschiedlich breite Spalten den Lineal-Tab, den man in Schritten von 0,25 cm einstellen kann. Im Menü **Format/Tabulator** klicken Sie auf »Alle löschen« und OK. Wählen Sie am linken Rand des Lineals den Typ für den linksbündig ausgerichteten Tabulator und klicken Sie bei 2,5, 6 und 12 cm die Tabulatorstopps an.

Klicken Sie **vor** dem Lineal auf ∟, dann ist der Tabulator für linksbündig ausgerichtet,
auf ┘, dann ist der Tabulator rechtsbündig,
auf ⊥, dann ist der Tabulator zentriert,
auf ⊥·, dann ist der Tabulator dezimal ausgerichtet.

Linksbündige Ausrichtung:

	∟ 2,5	∟ 6,0	∟ 12,0 cm
Haas	Otto	Fichtestraße 46	Neckarhausen
Hack	Hans-Georg	Richard-Lenel-Str. 42	Mannheim
Mayer	Albert	Bergstraße 10	Bruchsal

Nicht mehr benötigte Tab-Stopps klickt man im Lineal an und zieht sie bei gedrückter linker Maustaste nach unten aus dem Lineal.

	Spalte 1 rechtsbündig, ┘5,25	Spalte 2 linksbündig, ∟ 7,0	Spalte 3 dezimal ausgerichtet: ⊥· 13,75 cm
Rechnung Nr.	12/00	Müller & Co.	12,34 EUR
	123/00	Heinrich OHG	123,45 "
	1 234/00	Gerd Sowade	1.234,56 "

Zentrierte Ausrichtung:

⊥ 2,0	⊥ 6,0	⊥ 10,0	⊥ 14,0 cm
Stadt	Land	Blume	Tier
Aachen	Australien	Aster	Ameise
Bern	Brasilien	Butterblume	Bär
Celle	Chile	Chrysantheme	Collie

Menü-Tab

Der Standard-Tab eignet sich für gleichmäßig breite Spalten. Für unterschiedliche Spaltenbreiten verwendet man den Lineal-Tab, wenn man Schritte von jeweils 0,25 cm akzeptiert. Mit dem Menü-Tab können die Schritte auf den Millimeter genau eingestellt werden.

Mit dem Menü **Format/Tabulator** öffnet sich eine Dialogbox. Klicken Sie »Alle löschen« an und geben Sie die gewünschten Tab-Positionen (hier 3,1, 9,1, 11,9 und 14,2 cm) nacheinander ein. Bestätigen Sie jeweils mit »Setzen« und zum Schluss mit OK.

Leistungsübersicht

	∟ 3,1	∟ 9,1	∟ 11,9	∟ 14,2 cm
Datum	Art der Arbeit	Anschläge	Fehler	Note
20..-03-31	10-Minuten-Abschrift	1 200	2	120/2
20..-04-01	10-Minuten-Abschrift	1 150	0	115/1

22. Übung Tabellen – Rahmen und Schattierungen

Tabelle erstellen

Schreiben Sie die Überschrift »Die Niederlassungen der Postbank«.

Klicken Sie auf das Register **Einfügen.** Nachdem Sie das Symbol **Tabelle** angeklickt haben, öffnet sich ein Fenster mit einem Gitternetz. Führen Sie die Maus über so viele Spalten und Zeilen, wie für die Tabelle erforderlich sind und klicken Sie anschließend mit der linken Maustaste. Für diese Übung benötigen Sie 4 Spalten und 7 Zeilen. Erfassen Sie die Tabelle und springen Sie von Datenfeld zu Datenfeld mit der Tab-Taste.

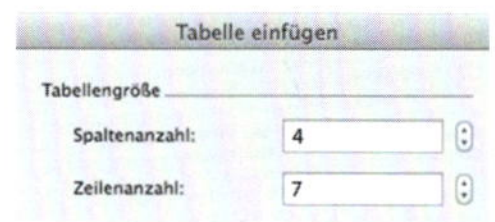

Alternative: Klicken Sie im Menü **Tabelle** die Funktion **Tabelle einfügen ...** an und geben Sie die Anzahl der Spalten und Zeilen an.

Die Niederlassungen der Postbank

Berlin	Bln	Köln	Kln
Dortmund	Dtmd	Leipzig	Lzg
Essen	Esn	Ludwigshafen	Lshfn
Frankfurt	Ffm	München	Mchn
Hamburg	Hmb	Nürnberg	Nbg
Hannover	Han	Saarbrücken	Sbr
Karlsruhe	Klrh	Stuttgart	Stgt

Sie können die Spaltenbreite verändern, um z. B. Frankfurt **(Main)** und Ludwigshafen **(Rhein)** zu schreiben. Führen Sie den Cursor auf die senkrechte Linie bis ein Doppelpfeil ◀┼▶ erscheint. Ziehen Sie mit gedrückter linker Maustaste die Linie an die gewünschte Stelle.

Die Niederlassungen der Postbank

Berlin	Bln	Köln	Kln
Dortmund	Dtmd	Leipzig	Lzg
Essen	Esn	Ludwigshafen (Rhein) ↔	Lshfn
Frankfurt (Main) ↔	Ffm	München	Mchn
Hamburg	Hmb	Nürnberg	Nbg
Hannover	Han	Saarbrücken	Sbr
Karlsruhe	Klrh	Stuttgart	Stgt

Wollen Sie das Gitternetz ausblenden, dann markieren Sie die Tabelle und klicken im Menü **TABELLE – Tabelle in Text umwandeln** ... an und bestätigen mit OK.

Die Niederlassungen der Postbank

Berlin	Bln	Köln	Kln
Dortmund	Dtmd	Leipzig	Lzg
Essen	Esn	Ludwigshafen (Rhein)	Lshfn
Frankfurt (Main)	Ffm	München	Mchn
Hamburg	Hmb	Nürnberg	Nbg
Hannover	Han	Saarbrücken	Sbr
Karlsruhe	Klrh	Stuttgart	Stgt

Rahmen und Schattierungen

Erstellen Sie folgenden (Ihren eigenen) Stundenplan im Gitternetz mit 5 Spalten und 7 Zeilen.

Montag	Dienstag	Mittwoch	Donnerstag	Freitag
Deutsch	Deutsch	Englisch	Geschichte	Textverarb.
Mathematik	Geografie	Französisch	Mathematik	Französisch
Englisch	Buchführung	Deutsch	Französisch	Religion
Gem.-Kunde	Textverarb.	Physik	Kurzschrift	Deutsch
Kurzschrift	BWL	BWL	Sport	Englisch
Religion	Physik	Kurzschrift	Sport	Englisch

Markieren Sie die Leitzeile mit den Wochentagen und wählen Sie im Menü **Format** bei **Rahmen und Schattierungen** als Schattierung 15 % und für das Gitternetz die Linienstärke ¼ pt. Bestätigen Sie mit OK.

Tabellen sortieren – nummerieren – aufzählen

Tabelle sortieren

Tabellen können Sie in alphabetischer oder in numerischer Reihenfolge wie auch nach dem Datum sortieren. Dies kann in aufsteigender Form, zum Beispiel A, B, C wie auch in absteigender Form, zum Beispiel C, B, A geschehen.

Aufgabe: Erfassen Sie folgende Spendenliste nach dem Eingang der Spende, also unsortiert mit Spalten bei 4,75 und 9,5 cm mit links ausgerichtetem und bei 13,75 cm mit dezimal ausgerichtetem Tabulator. Als Schrift wählen Sie Courier 12.

Cäsar	Cilly	Chemnitz	30,00 EUR
Anton	Alfred	Ahlfeld	20,00 EUR
Berta	Birgit	Bergen	100,00 EUR

Sortieren Sie zunächst alphabetisch.

- Vor dem Sortieren wird die gesamte Tabelle markiert.
- Wählen Sie **Layout – Daten – Sortieren.**
- Als Sortierschlüssel wählen Sie: Sortieren nach »Spalte 1« und als Typ »Text«.

Ihre Tabelle muss dann folgendes Aussehen haben:

Anton	Alfred	Ahlfeld	20,00 EUR
Berta	Birgit	Bergen	100,00 EUR
Cäsar	Cilly	Chemnitz	30,00 EUR

Sortieren Sie nun nach der Höhe der gespendeten Beiträge.

- Vor dem Sortieren wird die gesamte Tabelle markiert.
- Wählen Sie **Layout – Daten – Sortieren.**
- Als Sortierschlüssel wählen Sie: Sortieren nach »Spalte 4« und als Typ »Zahl«.

Ihre Tabelle muss dann folgendes Aussehen haben:

Anton	Alfred	Ahlfeld	20,00 EUR
Cäsar	Cilly	Chemnitz	30,00 EUR
Berta	Birgit	Bergen	100,00 EUR

Sortieren Sie die Beträge auch in absteigender Form, also 100, 30 und 20 EUR.

Nummerieren und aufzählen

Bei einer kurzen Liste kann man diese manuell nummerieren.

- Sortieren Sie die vorangegangene Tabelle alphabetisch.
- Markieren Sie nun nur die erste Spalte der Tabelle.
- Klicken Sie dann das Symbol für das Nummerieren an **(Start – Absatz – Nummerieren)**.

Ihre Tabelle muss dann folgendes Aussehen haben:

1. Anton	Alfred	Ahlfeld	20,00 EUR
2. Berta	Birgit	Bergen	100,00 EUR
3. Cäsar	Cilly	Chemnitz	30,00 EUR

Aufgabe: Erfassen Sie folgenden Text:

Beim Sortieren werden die Einträge in eine sinnvolle Ordnung gebracht. Diese Ordnung kann sein:

alphanumerisch (Text und Zahlen)
numerisch (das sind nur Zahlen)
nach dem Datum

Markieren Sie die letzten drei Zeilen, die Sie einrücken sollen. Rücken Sie ein, indem Sie anklicken. Wählen Sie im Menü **Format – Nummerierung und Aufzählungszeichen** und klicken Sie * oder ein anderes Symbol und OK an.

Zusammenfassung der besonderen Zahlengliederungen

Nr.	Bezeichnung und Bestandteile; Hinweise	Beispiele
1	**Telefonnummer und Telefaxnummer**	
	Telefon- und Telefaxnummern werden funktionsbezogen durch je ein Leerzeichen gegliedert.	
1.1	**Telefonnummer**	
1.1.1	Einzelanschluss ohne Durchwahl	14991 07251 14991
1.1.2	Durchwahlanlage	
	– Zentrale Abfragestelle – Durchwahlanschluss	07251 14991-0 07251 14991-12
1.1.3	Sondernummern	
	Wird in Sondernummern nach der Nummer des Anbieters eine Ziffer für die Gebührenzählung angegeben, bleibt davor und dahinter ein Leerzeichen.	0180 3 56789
1.1.4	International*	+49 6251 89-0
1.2	**Telefaxnummer (Telefax, Fax oder Tfx)**	
1.2.1	Einzelanschluss	030 876543
1.2.2	Durchwahlanschluss	030 876543-12
1.2.3	International*	+49 6251 89-0
2	**Postfachnummer**	
	von rechts beginnend zweistellig gliedern	1 23 30 14 12 34 56
3	**Postleitzahl**	
	fünfstellig ohne Leerzeichen	89079 Ulm
4	**Bankleitzahl**	
	national (BLZ) von links nach rechts beginnend zweimal Dreiergruppe, einmal Zweiergruppe	BLZ 660 908 00
	international (IBAN) von links nach rechts fünfmal Vierergruppe, einmal Zweiergruppe	IBAN DE32 2508 0044 0532 0130 00

* Die länderbezogene Zusatznummer sollte durch das Zeichen + vor der Landesvorwahl dargestellt werden (z. B. statt 0049 besser +49).

Kennzeichnung von Aufzählungsgliedern

Texte können durch Aufzählungen gegliedert werden. Üblich sind:

1. Ordnungszahlen
2. kleine Buchstaben
3. der Mittestrich
4. die vom Textverarbeitungsprogramm angebotenen Aufzählungszeichen

Beginn und Ende der Aufzählung sind durch je eine Leerzeile vom übrigen Text zu trennen. Die einzelnen Aufzählungsglieder können durch Leerzeilen getrennt werden.

Kennzeichnung durch Ordnungszahlen (arabische Ziffern mit Punkt)

Viele unserer Kunden lassen ihre Strom- und Wasserrechnungen von ihrem Konto abbuchen. Das hat folgende Vorteile:

1. Kein Einzahlungstermin wird versäumt.

2. Wege zur Post oder Bank sind nicht mehr erforderlich.

3. Abbuchungsaufträge können jederzeit widerrufen werden.

Mit dem ausgefüllten beiliegenden Formular können künftig die Rechnungsbeträge abgebucht werden.

Kennzeichnung durch Mittestrich

Das Internet ist das größte Computernetzwerk der Welt.

– Das Internet ermöglicht das Verschicken und Empfangen von elektronischer Post (E-Mail).

– Mit dem Internet hat man den Zugang zu Informationen zu jedem erdenklichen Thema.

– Mit dem Internet hat man auch die Möglichkeit, Spiele zu machen oder auch einzukaufen.

Die meisten Informationen aus dem Internet sind kostenfrei.

Kennzeichnung durch kleine Buchstaben

Mit "elektronischer Post" (kurz "E-Mail" genannt), kann man mit den Menschen auf der ganzen Welt kommunizieren.

a) Eine E-Mail ist schneller als ein Brief.

b) E-Mails sind meist günstiger als Ferngespräche.

c) E-Mails können zu jeder beliebigen Zeit erstellt und gesendet werden.

Sie brauchen einen Internet-Anschluss. Dann können Sie jedem Internet-Teilnehmer auf der Welt eine Nachricht schicken, vorausgesetzt Sie kennen seine E-Mail-Adresse.

Aufgabe: Schreiben Sie diese Beispiele auch mit den weiteren Möglichkeiten im Menü *Format – Nummerierungen und Aufzählungen*, z. B.: ● ■ ♦ ✓ ♣

24. Übung Absatzformate

Textverarbeitungsprogramme bieten in der Formatierungsleiste folgende Schaltflächen an: linksbündig, zentriert, rechtsbündig und Blocksatz.

Linksbündige Ausrichtung

Als Standardeinstellung werden die Absätze mit linksbündiger Ausrichtung erfasst, d. h., am linken Rand stehen die Schriftzeichen untereinander, während der rechte Rand automatisch umbrochen wird und den sogenannten Flattersatz erzeugt.

Zentrierte Ausrichtung

Wählt man dagegen eine
zentrierte Ausrichtung,
so wird der Text
von der Blattmitte aus
links und rechts
gleichmäßig verteilt.

Rechtsbündige Ausrichtung

Wählt man die rechtsbündige Ausrichtung,
so wird der Text vom rechten Rand aus eingefügt.
Am rechten Rand stehen die Schriftzeichen untereinander,
am linken Rand entsteht der Flattersatz.

Blocksatz ohne Silbentrennung

Wählt man den Blocksatz ohne Silbentrennung, dann stehen die Schriftzeichen am linken und am rechten Rand genau untereinander. Das erzeugt ein schönes Schriftbild. Ergeben die zusätzlich vom Textverarbeitungsprogramm eingefügten Leerzeichen aber zu große Lücken, dann können Sie ein noch ausgeglicheneres und schöneres Schriftbild erreichen, wenn Sie den Blocksatz mit Silbentrennung wählen. Vergleichen Sie hierzu diesen Text mit dem folgenden.

Blocksatz mit Silbentrennung und Zeilenabstand 1,5*

Wählt man den Blocksatz ohne Silbentrennung, dann stehen die Schriftzeichen am linken und am rechten Rand genau untereinander. Das erzeugt ein schönes Schriftbild. Ergeben die zusätzlich vom Textverarbeitungsprogramm eingefügten Leerzeichen aber zu große Lücken, dann können Sie ein noch ausgeglicheneres und schöneres Schriftbild erreichen, wenn Sie den Blocksatz mit Silbentrennung wählen.

* Den Zeilenabstand ändern Sie im Menü ***Format/Absatz.*** Probieren Sie auch die anderen Zeilenabstände.

Zeichenformate

Zu Beginn der Arbeit können Sie über die Format-Symbolleiste, mit Tastenkombination oder über das Menü Format die Zeichenformate eingeben.*

Wählen Sie: 

Schriftart, z. B. Arial
Schriftgrad, z. B. 12
Schriftstil **fett,** *kursiv,* <u>unterstrichen</u>

Schriftart

Öffnen Sie das Listenfeld für die Schriftart mit einem Mausklick. Suchen Sie die gewünschte Schrift und klicken Sie diese an. Alle im Listenfeld aufgeführten Schriften können gedruckt werden. Hier einige Beispiele:

Schriftart Arial
Schriftart Britannic Bold
Schriftart Brush Script MT
Schriftart Colonna MT
SCHRIFTART COPPERPLATE GOTHIC LIGHT
`Schriftart Courier`

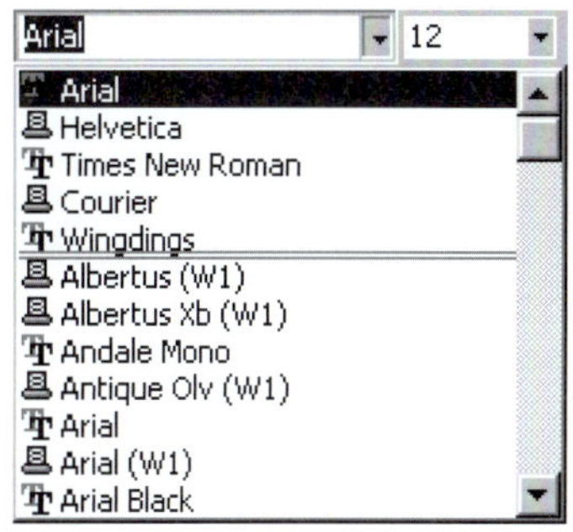

Schriftgrad

Öffnen Sie das Listenfeld für den Schriftgrad mit einem Mausklick. Suchen Sie den gewünschten Schriftgrad und klicken Sie diesen an. Alle im Listenfeld aufgeführten Schriftgrade sind wählbar. Zwischeneinstellungen werden über die Tastatur eingegeben. Einige Beispiele:

Schriftart Arial mit Schriftgrad 8
Schriftart Arial mit Schriftgrad 10
Schriftart Arial mit Schriftgrad 12
Schriftart Arial mit Schriftgrad 15

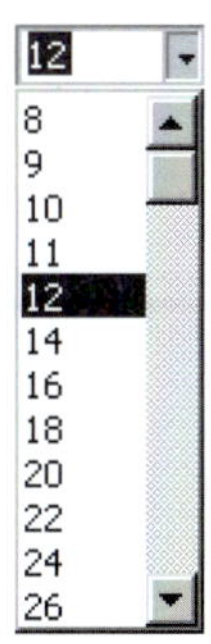

Schriftstil

Wollen Sie einen bestimmten Schriftstil wählen, so klicken Sie das gewünschte Symbol an. Zur Verfügung stehen »fett«, »kursiv«, »unterstrichen«. Selbstverständlich können Sie die verschiedenen Schriftstile auch miteinander kombinieren. Auch hierzu einige Beispiele:

Schriftart Arial mit Schriftgrad 12 »fett«
Schriftart Arial mit Schriftgrad 12 »kursiv«
Schriftart Arial mit Schriftgrad 12 <u>»unterstrichen«</u>

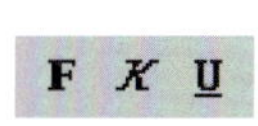

Probieren Sie nun selbst einige Kombinationen wie z. B.

Schriftart Arial mit Schriftgrad 12, fett, kursiv und <u>unterstrichen</u>

* **Zeichenformatierung während der Texterfassung: 1. Funktion einschalten, 2. Text erfassen, 3. Funktion wieder ausschalten. Wenn Sie nachträglich die Zeichenformate ändern wollen, dann müssen Sie zunächst die entsprechende Textstelle markieren.**

25. Übung Das Schreiben der Straßennamen – Anschriften

Anschläge

1. Hauptwörter, Eigennamen, Eigenschaftswörter ohne Endung und 64
Ländernamen ohne Endung werden mit –straße, -gasse, -brücke, 127
-platz usw. zusammengeschrieben: Bergstraße, Bismarckplatz, 190
Schillerbrücke, Langstraße, Badenweg, Bayernring, Hochstraße. 257

2. Orts- und Ländernamen mit Endungen und Eigenschaftswörter 319
mit Endungen werden von dem Wort Straße, Gasse usw. getrennt: 386
Karlsruher Straße, Hessischer Ring, Breites Ufer, Hohe Straße. 457

3. Straßennamen mit mindestens zwei Bestimmungswörtern schreibt 520
man mit Bindestrichen: Albrecht-Dürer-Allee, Dr.-Mai-Straße, 589
Von-der-Heydt-Weg, Prof.-Sauerbruch-Str., St.-Blasien-Straße. 660

4. Bei Straßennamen, die ein Verhältniswort enthalten, schreibt 724
man dieses groß: Am Hange, Hinter dem Wald, Unter den Linden. 793
Folgt dem Verhältniswort ein Eigenschaftswort, so schreibt 855
man auch dieses groß: Auf dem Breiten Wall, Am Neuen Bahnhof. 924

5. Verschieden gebildete Straßennamen werden nach obigen Regeln 988
geschrieben: Ecke Karlsruher und Kaiserstraße 1038
Ecke Kaiser- und Karlsruher Straße 1076

Begründen Sie die verschiedene Schreibung nach obigen Regeln!

Das Anschriftfeld nach DIN 5008

Maße und Position des Anschriftfeldes sind festgelegt. Um die Aufschriften in den Anschriftfeldern international zu vereinheitlichen und zur Optimierung der Anschriftenerkennung hat die Deutsche Post AG angeregt, auf die Leerzeilen zu verzichten.

Die Gliederung des Anschriftfeldes sieht nach DIN 5008 folgende Bestandteile vor:

3 Zeilen für Zusätze und Vermerke
6 Zeilen für die Anschrift

3	**Zusatz- und Vermerkzone**	elektronische Freimachungsvermerke
2		Vorausverfügungen wie z. B. »Nicht nachsenden!«
1		Produkte wie z. B. »Einschreiben«
1	**Anschriftzone**	Anrede und Berufsbezeichnung
2		Empfängerbezeichnung
3		Postfach mit Nummer oder Straße und Hausnummer
4		Postleitzahl und Bestimmungsort
5		
6		

Beispiele

•
•
•
Frau
Ruth Redlich
Bergstraße 4 a
69120 Heidelberg
•
•

•
•
•
Frau Studienrätin
Dr. Ursula Lindig
bei Elke Wasner
Heilbronner Weg 7 A
68259 Mannheim
•

Berufs- und Amtsbezeichnungen (z. B. Direktor, Rechtsanwalt) werden neben »Frau« oder »Herrn« geschrieben. Akademische Grade (z. B. Dr., Dipl.-Ing.) stehen unmittelbar vor dem Namen. Da es bei »Professor« nicht erkennbar ist, ob es sich um eine Amtsbezeichnung oder einen akademischen Grad handelt, sollte »Prof.« unmittelbar vor dem Namen stehen.

Bei Untermietern muss der Name des Wohnungsinhabers unter den Namen des Empfängers geschrieben werden.

Weitere Beispiele für Anschriften

In Firmenanschriften wird das Wort »Firma« weggelassen, wenn aus der Empfängeranschrift erkennbar ist, dass es sich um eine Firma handelt. Hat der Empfänger ein Postfach, so ist dieses statt der Straße und der Hausnummer anzugeben. Soll eine Person einen Brief zur Bearbeitung erhalten, so schreibt man deren Namen, bei Firmen und Behörden die Abteilung unter die Firmen-/Behördenangabe. Einzelunternehmen erhalten den Zusatz e. K. (eingetragene Kauffrau, eingetragener Kaufmann) bzw. e. Kffr. oder e. Kfm. (eingetragene Kauffrau, eingetragener Kaufmann).

```
•
•
•
Sägewerk
Friedrich Berg e. K.
Postfach 2 01
72232 Freudenstadt
•
•
```

```
•
•
Einschreiben Einwurf
Firma
Hans Haas
Personalabteilung
Postfach 10 01 01
60001 Frankfurt
•
```

Bei Großempfängeranschriften mit eigener Postleitzahl sollten weder Postfach noch Straße und Hausnummer angegeben werden. Bei der Zustellangabe dürfen zusätzlich der Gebäudeteil, das Stockwerk oder die Wohnungsnummer, abgetrennt durch zwei Schrägstriche, angegeben werden. Vor und nach den zwei Schrägstrichen ist jeweils ein Leerzeichen einzugeben.

```
•
•
•
Landesamt
für Besoldung und Versorgung
Baden-Württemberg
70730 Fellbach
•
•
```

```
•
Nicht nachsenden!
Einschreiben
Eheleute
Ruth und Dr. Alois Köstel
Unter den Tannen 12 // W 24
67433 Neustadt
•
•
```

Auslandsanschriften müssen in lateinischer Schrift und arabischen Ziffern, Bestimmungsort und Bestimmungsland mit Großbuchstaben geschrieben werden. Der Bestimmungsort ist nach Möglichkeit in der Sprache des Bestimmungslandes anzugeben (z. B. BUCARESTI statt Bukarest). Die Angabe des Bestimmungslandes steht in deutscher Sprache in der lletzten Zeile der Anschrift.

```
•
•
•
Frau Helga Wolf
Herrn Walter Rapp M. A.
Jochberger Str. 14
6370 KITZBÜHEL
ÖSTERREICH
•
```

```
•
•
•
Aeroclub Jeleniogórski
Ul. Lomnicka-Lotnisko
58-500 JELENIA GÓRA
POLEN
•
•
```

M. A. = Master of Arts = akademischer Grad

Aufgaben

1. Express, Herrn Direktor Dr. Günther Neumann, Eichenweg 13, 22395 Hamburg
2. Frau Brigitte Grunewald, bei Hintermaier, Ludwigstraße 18, 30161 Hannover
3. Herrn Uwe Matt, Regierungsoberinspektor, Tilsiter Str. 22, 40489 Düsseldorf
4. Farbenfabrik Roth GmbH & Co., Ferdinand-Sauerbruch-Str. 8, 56073 Koblenz
5. Büchersendung, Firma Karlheinz Schmidt, Postfach 20 01 01, 80001 München
6. Dresdner Bank AG, Herrn Dr. Rothmaier, Lutherstraße 112 a, 99084 Erfurt
7. Oberlandesgericht, Verwaltungsabteilung, Postfach 1 48 20, 76031 Karlsruhe
8. Nachnahme, Frau Susanne May, Herrn Hans Moll, Am Markt 12, 19055 Schwerin
9. André Château, 48, Place de la République, 67000 STRASBOURG FRANKREICH
10. Schreiben Sie Ihre Anschrift und auch die Ihrer Ausbildungsstätte (Schule).

Briefblätter ohne Aufdruck

	Anschläge
Wer sich um eine Stelle bewirbt, der sollte prüfen, ob er mit	64
seinen Kenntnissen den gestellten Anforderungen gerecht wird.	128
Er muss bei Abgabe seiner Bewerbung damit rechnen, dass sich	192
meist noch viele andere um die Stelle bewerben. Deshalb müssen	257
Form und Inhalt der Bewerbung einen guten Eindruck machen.	320
Schreiben Sie das Wesentliche; leere Redensarten sollten Sie	387
vermeiden. Hüten Sie sich auch vor Übertreibungen. Klare	447
Angaben, am besten durch Zeugnisse belegt, machen den besten	510
Eindruck. Ratsam ist, auf Empfehlungen, Zeitungsanzeigen usw.	576
Bezug zu nehmen und den Grund für die Bewerbung zu nennen.	638
Üblich ist, der Bewerbung einen Lebenslauf beizufügen. Wird	702
dieser nicht ausdrücklich handschriftlich verlangt, so kann	762
er maschinell geschrieben werden. Wird ein Lichtbild erbeten,	826
sollten Sie ein neueres Passbild beifügen. Schreiben Sie auf	890
die Rückseite Ihren Namen, um Verwechslungen auszuschließen.	954

Erstellen einer Briefvorlage (Briefmaske für einen Privatbrief – Bewerbung Seite 59)

Die DIN-Regeln schreiben vor, wo die Teile eines Briefes stehen müssen. Der Maschinenschreiber füllt einen Vordruck aus. Da der Computerschreiber den Text zunächst nicht auf einem Vordruck erfasst, sondern auf dem Bildschirm, erstellt er sich in der Regel eine Maske. In dieser Maske werden die Positionen für den Beginn des Datums, der Anschrift und des Betreffs durch Felder markiert. Diese Felder werden mit **Strg** + **F9** erzeugt und in diesem Brief mit { } dargestellt.

- Menü **Datei – Neu – Vorlage** anklicken und mit OK bestätigen.
- Wählen Sie die Schrift Courier New 12 und im Menü Ansichten Seiten-Layout.
- Schreiben Sie in Zeile **5** in Spalte 1 Ihren Namen in Fettschrift.
- Setzen Sie in Zeile **5** rechtsbündig mit dem Text einen Tabulator.
- Schreiben Sie dann die restlichen Zeilen Ihrer Absenderangabe.
- In den Zeilen **16** und **24** setzen Sie die Felder für Anschrift und Betreff.
- Bringen Sie den Cursor mit **Strg** + **Pos. 1** an den Textanfang.
- Prüfen Sie, ob das Ansteuern der Felder klappt, indem Sie mit **F11** von Feld zu Feld springen.
- Im Menü **Datei – Speichern unter – Privatbrief** eingeben. Datei schließen.

Zeile 5 **Claudia Bergmann** — Für das Datum den rechtsbündigen Tab setzen.
Lindauer Straße 45
78464 Konstanz
Telefon: 07531 4589
E-Mail: c.bergmann@t-online.de

Zeile 16 { }
Spalte 1

Zeile 24 { }
Spalte 1

Wenn Ihr Drucker einen Papiervorschub hat, dann müssen die Felder so gesetzt werden, dass der Ausdruck in Zeile 5, 16, und 24 erfolgt. In WORD stimmen die Zeilenangaben nur, wenn in **Format – Absatz** der Zeilenabstand **Genau** gewählt wird.

Aufgabe:
- **Laden Sie die Vorlage im Menü *Datei – Neu – Privatbrief – OK*.**
- **Variablen Text (Bewerbung von Seite 59) im Einfügemodus erfassen und Felder jeweils mit F11 ansteuern.**
- **Speichern Sie unter *Bewerbung*.**

Verwenden Sie die Briefvorlage Privatbrief

Claudia Bergmann
Lindauer Straße 45
78464 Konstanz
Telefon: 07531 4589
E-Mail: c.bergmann@t-online.de

15. Mai 20..

Kleiderfabrik
Reimann & Co.
Uhlandstr. 12
78464 Konstanz

Innerhalb der Anschrift von Zeile zu Zeile mit der Pfeiltaste ↓ abwärts gehen.

Bewerbung um einen Ausbildungsplatz

Sehr geehrte Damen und Herren,

durch Ihre Anzeige in den "Konstanzer Nachrichten" erfuhr ich, dass in Ihrem Betrieb ein Ausbildungsplatz zur Bürokauffrau vergeben wird. Um diesen Ausbildungsplatz bewerbe ich mich.

Zurzeit besuche ich die Abschlussklasse der Wirtschaftsschule, die ich zu Ende des Schuljahres mit der mittleren Reife verlassen werde.

In der Schule erhielt ich eine gründliche Ausbildung in allen kaufmännischen Fächern. Besonders interessierte ich mich für Textverarbeitung und alle Arbeiten am PC. In einem Kurs an der Volkshochschule erreichte ich in der Abschlussprüfung 180 Anschläge in der Minute.

Meinen Lebenslauf, ein Passbild und eine Kopie meines letzten Zeugnisses füge ich dieser Bewerbung bei.

Bitte geben Sie mir Gelegenheit, mich bei Ihnen vorzustellen.

Mit freundlichen Grüßen

Claudia Bergmann

Anlagen
Lebenslauf
Passbild
Zeugniskopie

Die **13.** Zeile des Briefblattes entspricht der 1. Zeile des Anschriftfeldes; die Betreffangabe beginnt in der **24.** Zeile. Bei solcher Beschriftung können auch Briefblätter ohne Aufdruck in Fensterbriefhüllen verschickt werden.

Schreiben Sie mit Ihren persönlichen Daten eine Bewerbung. Richten Sie diese an eine Firma/Behörde Ihrer Wahl. Hilfen:

1.1 Da ich gern in einer Bank/Versicherung etc. arbeiten würde, bewerbe ich mich um einen Ausbildungsplatz bei Ihnen.

1.2 Herr/Frau/Mein Klassenlehrer empfahl mir, mich bei Ihnen um einen Ausbildungsplatz zu bewerben.

2.1 Noch besuche ich die … Klasse der …schule. Im … werde ich an der Abschlussprüfung teilnehmen.

2.2 Zurzeit besuche ich die …schule, die ich im … mit der mittleren Reife abschließen werde.

3.1 In Kurzschrift schreibe ich … Silben, in Textverarbeitung … Anschläge. Ich kann Briefe normgerecht schreiben, Diktier- und Vervielfältigungsgeräte bedienen.

3.2 Meine Lieblingsfächer waren Buchhaltung und …

4. Meinen Lebenslauf, die Abschrift des letzten Schulzeugnisses (und ein Lichtbild) füge ich bei.

5. Ich würde mich freuen, wenn ich mich bei Ihnen vorstellen dürfte.

Anschläge

Firmen, die bei Einstellungen die Handschrift des Bewerbers 64
zur Beurteilung mit heranziehen, verlangen den in Handschrift 128
geschriebenen Lebenslauf. Ist dies nicht gefordert, so sollte 192
der Lebenslauf mit der Maschine geschrieben werden; denn die 256
Maschinenschrift ist oft besser zu lesen als die Handschrift. 320

Für die Anordnung des Textes haben sich in der Praxis zwei 383
Möglichkeiten durchgesetzt. Eine schildert in ausführlicher 445
Form alle Einzelheiten. Dabei werden die Angaben in Absätze, 511
genau wie im Brief, gegliedert. Die andere, in tabellarischer 574
Form, sie bringt nach jedem Leitwort stichwortartige Angaben. 639

Der Inhalt wird zunächst einmal mit den Angaben zur Person 702
beginnen: Namen, Geburtstag und -ort. Ob Angaben zur Religion 770
gemacht werden, hängt davon ab, ob ihr der Schreiber im 827
Zusammenhang mit der Bewerbung Bedeutung beimisst. Es folgen, 893
zumindest bei jüngeren Personen, Angaben über das Elternhaus. 958

Der nächste Abschnitt sollte sich mit der Schilderung der 1019
schulischen Ausbildung befassen. Die Angaben von Jahreszahlen 1085
genügen. Es ist unwichtig, ob der Eintritt am 1. oder am 15. 1148
eines Monats erfolgte. Wurde die Schule gewechselt, so ist 1210
dies anzugeben wie auch der erreichte schulische Abschluss. 1271

Von Berufstätigen wird der berufliche Werdegang geschildert: 1336
Ausbildung, Prüfungen, Tätigkeiten nach der Ausbildung und 1399
Weiterbildung, besondere Kenntnisse usw. Auch Angaben zum 1461
Familienstand gehören dann in den Lebenslauf. Der Lebenslauf 1526
schließt mit dem Datum und der Unterschrift des Bewerbers. 1587

Claudia Bergmann 27. Mai 20..
Lindauer Straße 45
78464 Konstanz
Telefon: 07531 4589
E-Mail: c.bergmann@t-online.de

Herrn Oberstudienrat
Dr. Herbert Schnätz
Wintersteig 5/7
78462 Konstanz

Um Raum zu sparen wurde die Entschuldigung hier als Halbbrief gezeigt. Schreiben Sie die Entschuldigung als Ganzbrief und benutzen Sie die Vorlage Privatbrief.

Entschuldigung

Sehr geehrter Herr Dr. Schnätz,

am Sonntag habe ich mir den Fuß verstaucht. Ich wurde für 8 Tage krankgeschrieben. Die Krankmeldung füge ich bei.

Ich bitte, mein Unterrichtsversäumnis zu entschuldigen.

Mit freundlichen Grüßen

Claudia Bergmann

Anlage
Krankmeldung

Schriftart Arial 12

Lichtbild

▼ 75 mm von der linken Blattkante

Lebenslauf

Name:	Claudia Bergmann
Anschrift:	Lindauer Straße 45 78464 Konstanz
Geboren:	15. Mai 19. . in Stuttgart
Eltern:	Manfred Bergmann, Zollbeamter Monika Bergmann geb. Schellhammer
Schulbesuch:	9 Jahre Grund- und Hauptschule in Stuttgart 2 Jahre Wirtschaftsschule in Konstanz
Leistungen:	120 Silben in Kurzschrift 180 Anschläge im Tastschreiben
Fortbildung:	VHS-Kurs Textverarbeitung mit Word
Berufspraktikum:	Firma Staudemaier & Söhne
Hobbys:	Sport Lesen
Berufswunsch:	Bürokauffrau

Konstanz, 10. Mai 20. .

Claudia Bergmann

Schreiben Sie Ihren Lebenslauf. Beachten Sie folgende Hilfen: Ältere Bewerber lassen den Abschnitt »Eltern« weg. Sie fügen u. U. »Familienstand«, »Verheiratet mit«, »Beruf des Ehepartners«, »Anzahl und Alter der Kinder« ein. Ob Sie Angaben über Ihre Religionszugehörigkeit machen, hängt von Ihrer Einstellung ab. Sie können auch Absätze wie »Hobbys«, »Freizeitbeschäftigungen« einfügen.

Anschläge

Die Bezugszeichenzeile befindet sich im Geschäftsbrief unter dem 70
Anschriftfeld. Bezugszeichen und Daten, Telefondurchwahlnummer 137
und Name des Ansprechpartners sowie das Ausfertigungsdatum des 203
Briefes werden eine Zeile unter die vorgedruckten Leitwörter der 271
Bezugszeichenzeile geschrieben, falls erforderlich in 2 Zeilen. 337
70/137/203/271/336

Maschinenschreiber richten das Briefblatt so aus, dass das "I" von 409
"Ihr Zeichen" auf Grad 10 steht. Das erste Schriftzeichen wird in 482
Flucht unter den Anfangsbuchstaben des jeweils ersten Leitwortes 550
geschrieben. Statt der Bezugszeichenzeile kann rechts neben dem 616
Anschriftfeld auch ein Informationsblock ausgefüllt werden. 678
71/144/212/278/339

Der Betreff ist die stichwortartige Inhaltsangabe. Sein Wortlaut 750
ist nach zwei Leerzeilen nach den Bezugszeichen zu schreiben. Er 818
wird ohne Schlusspunkt geschrieben, beginnt in Flucht und wird bei 887
längerem Text auf mehrere Zeilen verteilt. Nach dem Betreff sind 956
zwei Leerzeilen zu lassen. Der Betreff kann hervorgehoben werden. 1025
72/140/208/277/345

Bezugszeichenzeile – Betreff – Behandlungsvermerk

Vorgang 1: Firma Georg Schwarz, Holzhandlung, bittet am 15. Januar 20.. die Firma Friedrich Berg, Sägewerk, um ein Angebot. Es ging bisher kein Schriftwechsel voraus. Ansager: Herr Schwarz, Diktatzeichen sch; Stenotypistin: Frau Weiß, Diktatzeichen w. Herr Schwarz ist telefonisch unter dem Hausanschluss (Nebenstelle 12) zu erreichen. Die Bezugszeichen und der Betreff werden wie folgt ausgefüllt.

▼ 25 mm von linker Blattkante	▼ 75 mm	▼ 125 mm	▼ 175 mm
Ihr Zeichen, Ihre Nachricht vom	Mein Zeichen, meine Nachricht vom	Telefon, Name 0611 122436-	Datum
	sch-w	12 Herr Schwarz	20..-01-15[1]

•
•
Anfrage

Vorgang 2: Nach 3 Tagen schickt die Firma Berg ein Angebot an Firma Schwarz. Ansager: Herr Berg = b, Stenotypistin: Frau Tal = t. Herr Berg ist unter der Nebenstelle 232 zu erreichen. Die Bezugszeichenzeile und der Betreff sehen dann so aus:

Ihr Zeichen, Ihre Nachricht vom	Mein Zeichen, meine Nachricht vom	Telefon, Name 07441 2463-	Datum
sch-w 20..-01-15	b-t	232 Herr Berg	20..-01-18

•
•
Angebot

Vorgang 3: Nach 3 Tagen bestellt Firma Schwarz bei Firma Berg.
Die Bezugszeichenzeile und der Betreff werden dann so geschrieben:

Ihr Zeichen, Ihre Nachricht vom	Mein Zeichen, meine Nachricht vom	Telefon, Name 0611 122436-	Datum
b-t 20..-01-18	sch-w 20..-01-15	12 Herr Schwarz	20..-01-21

•
•
Bestellung

[1] Setzen Sie für die Punkte die beiden Endziffern der jeweiligen Jahreszahl ein. Für das numerisch anzugebende Datum wird entweder in der Reihenfolge Jahr, Monat, Tag mit Mittestrich gegliedert, also 20..-01-15 für den 15. Januar 20.. oder Tag, Monat, Jahr, also 15.01.20.., dann erfolgt die Gliederung durch Punkte. Üben Sie beide Formen.

Aufgabe: **Am 20..-02-06 reklamiert die Holzhandlung Georg Schwarz beim Sägewerk Friedrich Berg, dass die Ware noch nicht eingetroffen ist. Füllen Sie entsprechend den oben dargestellten Vorgängen die Bezugszeichenzeile und den Betreff aus.**

Der Briefschluss – Anlagen- und Verteilvermerke

Anschläge

Der Brieftext wird durch je eine Leerzeile in Absätze gegliedert. 70
Der Gruß wird vom Text durch eine Leerzeile abgesetzt. Nach einer 141
weiteren Leerzeile folgt die Bezeichnung der Firma, Behörde usw. 210
Die Zahl der Leerzeilen bis zur maschinenschriftlichen Namens- 277
wiedergabe der Unterzeichner richtet sich nach der Notwendigkeit. 345
70/141/210/277/344

Bei maschinenschriftlicher Angabe der Unterzeichner folgt der 410
Anlagenvermerk nach einer Leerzeile. Der Anlagenvermerk kann 475
sonst bereits nach drei Leerzeilen nach dem Gruß oder nach der 540
Firmenbezeichnung geschrieben werden. Beginnt er auf Grad 50, so 608
wird dieser mit einer Leerzeile Abstand vom Text geschrieben. 673
65/130/195/263/327

Der Verteilvermerk folgt nach einer Leerzeile auf die Anlage(n). 744
Entfallen Anlagen, so rückt an deren Stelle der Verteilvermerk. 812
Für den Abstand des Verteilvermerks von einer vorausgehenden 876
Beschriftung gelten dann die Angaben für den Anlagenvermerk. Die 945
Wörter "Anlage(n)" und "Verteiler" dürfen fett gedruckt werden. 1015
71/139/203/272/342

Vorgang 1: Der Briefschluss lautet: Mit freundlichen Grüßen Holzhandlung Georg Schwarz, Unterschrift: Schwarz

... Bitte schicken Sie mir Ihr Angebot recht bald.
•
Mit freundlichen Grüßen
•
Holzhandlung Georg Schwarz
•
•
•

Schwarz

Vorgang 2: Der Briefschluss lautet: Mit freundlicher Empfehlung Sägewerk Berg, Unterschrift: ppa. Schneider
Anlage 1 Angebot

... Es würde mich freuen, Ihren Auftrag zu erhalten.
•
Mit freundlicher Empfehlung
•
Sägewerk Berg
•
ppa.
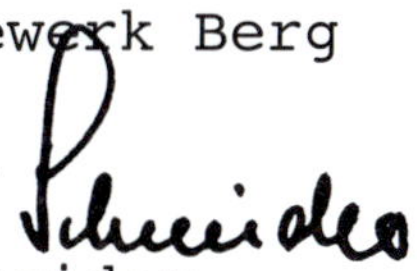
•
Schneider
•
Anlage
1 Angebot

Vorgang 3: Der Briefschluss lautet: Mit freundlichem Gruß Holzhandlung Georg Schwarz, Unterschrift: Schwarz
Anlage 1 Bauholzliste – Verteiler Zimmergeschäft Lang

... Ich darf Sie um schriftliche Bestätigung des Auftrags bitten.
•
Mit freundlichem Gruß
•
Holzhandlung Georg Schwarz
•
•
•

Schwarz

▼ 125mm von linker Blattkante oder 100mm vom linken Rand
Anlage
1 Bauholzliste
•
Verteiler
Zimmergeschäft Lang

29. Übung Maske für den Geschäftsbrief A4 Form B

Erfassen Sie die nachstehende Maske für den Geschäftsbrief A4 Form B; indem Sie in WORD mit **Strg** + **F9** die Felder = { } in Zeile 16 für den Beginn der Anschrift und in Zeile 25 für den Beginn der Bezugszeichenzeile setzen. Den Cursor bringen Sie jeweils mit der Pfeiltaste → hinter das Zeichen { }. Die Zeilenangaben stimmen nur, wenn in FORMAT/ABSATZ als Zeilenabstand »genau« gewählt wird. In Zeile 25 setzen Sie Tabstopps bei 5, 10 und 15 cm mit Ausrichtung links. Speichern Sie die Maske unter dem Dateinamen **brfmaskb**.

Feld für die Postanschrift des Absenders

{ }
Strg + **F9**

Ihr Zeichen, Ihre Nachricht vom	Unser Zeichen, unsere Nachricht vom	Telefon, Name	Datum
{ }	Tabstopp auf 5 cm	Tabstopp 10 cm	Tab 15 cm

Strg + **F9**

Rufen Sie für das Erfassen der folgenden Briefe die Vordruckmaske **brfmaskb** auf. Sie entspricht dem Normvordruck A4 Form B, der einen Briefkopf von 45 mm hat. Ist der Briefkopf auf 27 mm verkleinert, dann handelt es sich um den Normvordruck A4 Form A. Dann ist das Feld für den Beginn der Anschrift in Zeile 12 und der für die Bezugszeichen in Zeile 21 zu setzen.

Wenn Ihr Drucker einen Papiervorschub hat, dann müssen der erste und die folgenden Haltepunkte so gesetzt werden, dass sie beim Ausdruck in Zeile 16 (12) und 25 (21) stehen.

Informationsblock rechts neben dem Anschriftfeld

Alternativ zur Bezugszeichenzeile kann ein Informationsblock rechts neben dem Anschriftfeld geschrieben werden. Der Informationsblock beginnt in Höhe der ersten Zeile des Anschriftfeldes 125 mm von der linken Blattkante bzw. 100 mm vom linken Rand. Zwischen den Bezugszeichen und dem Leitwort »Name« sowie den Durchwahlmöglichkeiten und dem Leitwort »Datum« ist je eine Leerzeile erforderlich.

Feld für die Postanschrift des Absenders

{ }

▼ 125 mm von linker Blattkante oder 100 mm vom linken Rand

Ihr Zeichen: { }
Ihre Nachricht vom: { }
Unser Zeichen: { }
Unsere Nachricht vom: { }
•
Name: { }
Telefon: { }
Telefax: { }
•
Datum: { }

Faltmarke

SPORTHAUS
OTTO
ROTH
TÜBINGEN

Sporthaus Otto Roth, Postfach 24 56, 72014 Tübingen

Sportgerätefabrik
Max Müller KG
Postfach 12 34
87552 Oberstdorf

Innerhalb der Anschrift von Zeile zu Zeile mit der Pfeiltaste ↓ abwärts gehen.

Ihr Zeichen, Ihre Nachricht vom	Mein Zeichen, meine Nachricht vom	Telefon, Name 07122 2463-	Datum
	ro-lo	123 Herr Roth	20..-02-12

3 x schalten

Irrläufer

3 x schalten

Sehr geehrte Damen und Herren,

2 x schalten

heute erhielt ich von Ihnen einen Brief. Nachdem ich den Umschlag geöffnet hatte, fand ich darin eine Rechnung, die aber nicht für mich, sondern für die Firma Brendel in Ulm bestimmt war. Ich habe die Rechnung an diese Firma weitergeleitet.

2 x schalten

Beim Lesen der Rechnung stellte ich aber fest, dass Sie der Firma Brendel einen wesentlich höheren Rabatt gewähren als mir. Ich bitte hierzu um eine Erklärung.

2 x schalten

Mit besten Grüßen

2 x schalten

Sporthaus Otto Roth

4 x schalten

Roth

Randzone

Im Textbereich sollte das Zeilenende wenigstens bei 165 mm von der linken Blattkante oder 140 mm vom linken Rand liegen (= 45 mm von der rechten Blattkante).

Warnzeichen

Normvordruck A4 Format B nach DIN 676

Wie können solche Pannen vermieden werden?

Geschäftsräume	Geschäftszeit	Telefax	Bankkonto	Postbank Stuttgart
Mörikestraße 9	Mo.–Fr. 9–18 Uhr	07122 2463	Volksbank Tübingen	BLZ 600 100 70
Tübingen	Sa. 9–14 Uhr		BLZ 641 901 10 Kto.-Nr. 260 30	Kto.-Nr. 483 64-701

75 Jahre

Sportgerätefabrik **Max Müller KG**
Oberstdorf/Allgäu

Statt der Bezugszeichenzeile kann ein Informationsblock neben dem Anschriftfeld geschrieben werden.

Ihr Zeichen: ro-lo
Ihre Nachricht vom: 20..-02-12
Unser Zeichen: wi-in
Unsere Nachricht vom 20..-12-10

Name: Ute Winterhalter
Telefon: 08322 1274-234
Telefax: 08322 1274-240

Datum: 20..-02-15

Sportgerätefabrik Max Müller, Postfach 12 34, 87552 Oberstdorf

Sporthaus
Otto Roth
Postfach 24 56
72014 Tübingen

Ihr Zeichen, Ihre Nachricht vom	Unser Zeichen, unsere Nachricht vom	Telefon, Name 08322 1274-	Datum
ro-lo 20..-02-12	wi-in 20..-12-10	234 Ute Winterhalter	20..-02-15

Unterschiedliche Rabatte

Sehr geehrter Herr Roth,

vielen Dank für Ihren Brief und dafür, dass Sie die nicht für Sie bestimmte Rechnung an die Firma Brendel weiterleiteten.

Entschuldigen Sie bitte unser Versehen. Wir haben daraus die Lehre gezogen, nur noch Fensterbriefhüllen zu verwenden, um künftig ähnliche Fehlleitungen zu vermeiden.

Wegen der unterschiedlichen Rabatte verweisen wir Sie auf unser Schreiben vom 10. Dezember v. J. Darin hatten wir auch Ihnen die günstigeren Rabatte angeboten. Voraussetzung hierfür wäre aber ein Jahresabschluss in Höhe von 50.000 EUR gewesen. Hierzu konnten Sie sich damals leider nicht entschließen.

Wir würden uns sehr freuen, wenn Sie dies noch nachholten.

Mit freundlichen Grüßen

Sportgerätefabrik
Max Müller KG

ppa. Winterhalter

Winterhalter

Normvordruck A4 Format B nach DIN 676

Fortsetzung dieser Briefreihe mit den Aufgaben 1 und 2 auf Seite 67

Geschäftsräume	Telefax	E-Mail	Bankkonto	Postbank München
Sonthofener Straße 45 Oberstdorf	08322 12 74	sportmüller@t-online.de	Bay. Vereinsbank Oberstdorf BLZ 733 210 43 Kto.-Nr. 11/4000	BLZ 700 100 80 Kto.-Nr. 630 28-801

Briefhüllen – Falten und Einlegen von Briefen

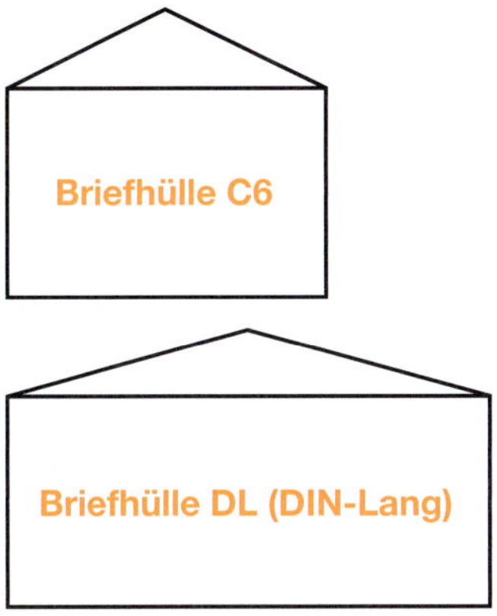

Kreuzfalz

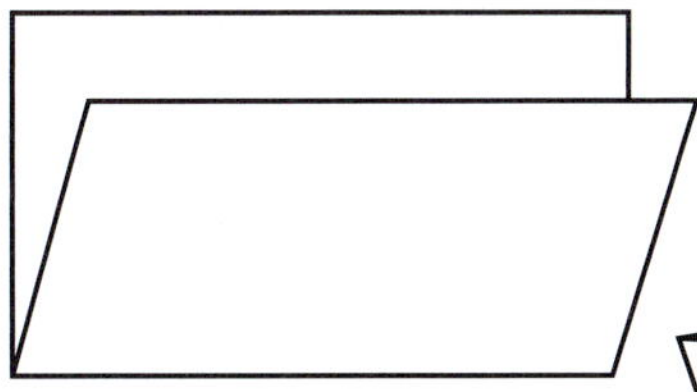

Bei Briefen, die auf ein Viertel zusammengelegt werden, muss der Längsfalz an den **unteren** Rand des Umschlag gelegt werden, damit beim Aufschneiden des Umschlags der Brief nicht zerschnitten wird.

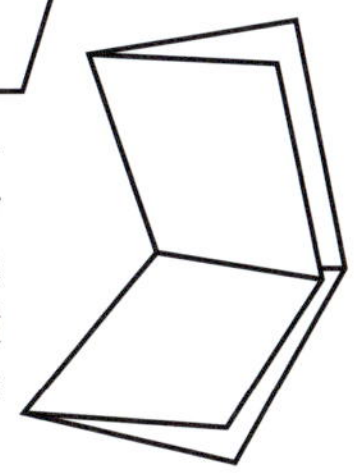

Brief A4 – Faltung für C6 Fensterbriefhülle

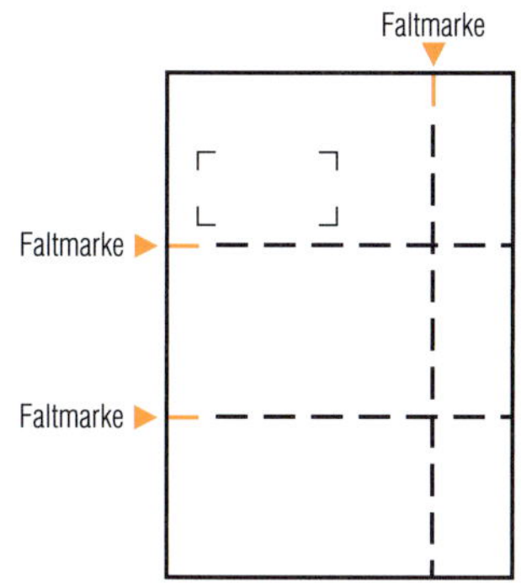

Zickzackfalz

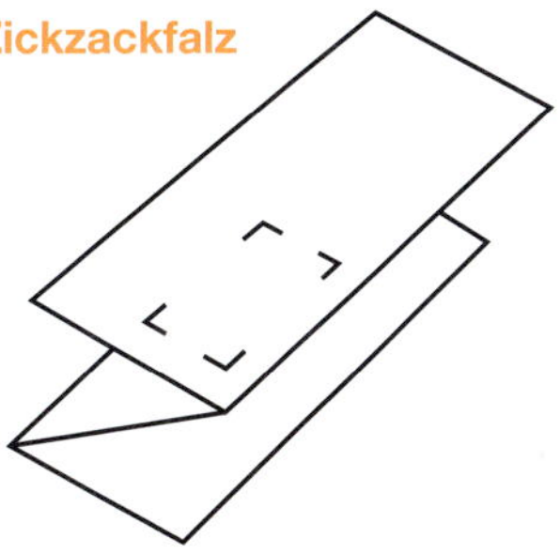

Das obere Drittel sollte etwas länger sein als die beiden unteren Drittel, damit beim Aufschneiden des Umschlags der Brief nicht zerschnitten wird.

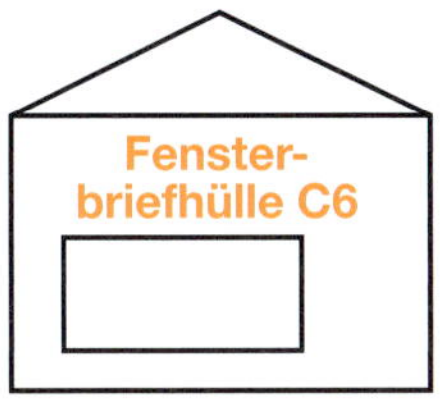

Wickelfalz

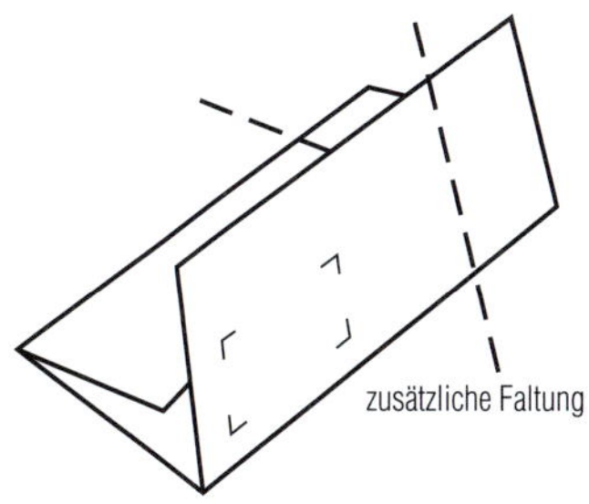

Wird statt der Fensterbriefhülle DL die Fensterbriefhülle C6 verwendet, so erfordert dies eine zusätzliche Faltung.

Aufgaben zur Briefreihe 1

Aufgabe 1 Brief im Format A4

Sportgerätefabrik	Ihr Zeichen,	
Max Müller KG	Ihre Nachricht vom	wi-in 20..-02-15
Postfach 12 34	Mein Zeichen,	
87552 Oberstdorf	meine Nachricht vom	ro-lo 20..-02-12
	Telefon, Name	123 Herr Roth
	Datum	20..-02-20

Betreff Jahresabschluss

Sehr geehrte Herren, / = Absatz

vielen Dank für Ihr Schreiben und für Ihre Aufklärung über die verschieden hohen Rabattsätze. / Ihr Angebot nehme ich an und verpflichte mich, während des laufenden Jahres mit Ihnen einen Umsatz von 50.000 EUR zu erzielen. Sie gewähren mir dafür einen Rabatt von 35 % auf Ihre Listenpreise. / Ich darf Sie bitten, meinen Auftrag vom 15. Januar d. J. entsprechend den neuen Rabatten zu berechnen. / Mit freundlichen Grüßen / Sporthaus Otto Roth (Heinz Hübner unterschreibt. Wiederholen Sie die Unterschrift!)

Falten Sie diesen Brief im Zickzackfalz. Beschriften Sie eine Briefhülle im Format DIN-Lang. Beginnen Sie mit der Anschrift auf Grad 40 in der 13. Zeile.

Aufgabe 2 Brief im Format A4

Sporthaus	I. Z., I. N.v.	ro-lo 20..-02-20
Otto Roth	U. Z., u. N.v.	wi-in 20..-02-15
Postfach 24 56	Telefon, Name	234 Frau Winterhalter
72014 Tübingen	Datum	20..-02-25

Betreff Jahresabschluss

Sehr geehrter Herr Roth, (Bilden Sie die Absätze selbst!)

wir haben uns über Ihr Schreiben gefreut und danken Ihnen dafür, dass Sie sich nun doch noch entschlossen haben, mit uns einen Umsatz von mindestens 50.000 EUR im laufenden Jahr zu tätigen. Es stehen Ihnen Rabatte der Klasse II entsprechend unserem Schreiben vom Dezember zu. Für Ihren Auftrag vom 15. Januar d. J. legen wir Ihnen eine Gutschrift über 53,65 EUR bei. Wir sind überzeugt, dass Sie richtig gehandelt haben, und freuen uns auf eine noch engere Zusammenarbeit mit Ihnen / Mit freundlichen Grüßen / Sportgerätefabrik Max Müller KG / ppa. / Winterhalter / Anlage Gutschrift.

Falten Sie diesen Brief im Wickelfalz. Stecken Sie ihn in eine Fensterbriefhülle C6.

Faltmarke

31. Übung

HESSISCHE **METALLWARENFABRIK** H. WIEGAND
GmbH & Co.
Offenbach-Waldheim

Hessische Metallwarenfabrik, Postfach 10 15 11, 63015 Offenbach

Haushalt- und Küchengeräte
Peter Zimmermann
Richard-Wagner-Str. 12
60318 Frankfurt

Normvordruck A4 Form A
(mit 27 mm Briefkopf)

Ihr Zeichen, Ihre Nachricht vom	Unser Zeichen, unsere Nachricht vom	Telefon, Name 0611 312-	Datum
	g-a	142 Frau Weber	20..-03-01

Angebot

Falt-marke

Sehr geehrter Herr Zimmermann,

Schönheit, gediegene Eleganz und Qualität, das sind die Merkmale unserer Bestecke. Ganz gleich, ob Sie repräsentative Formen lieben oder sachlich klare Linien schätzen, in unserem

▼ Spalte 11

Katalog für Wiederverkäufer und Großabnehmer

Loch-marke

finden Sie bestimmt in großer Auswahl das Richtige für Sie.

Die versilberten Bestecke haben alle das hochwertige weiße Alpacca als Grundmaterial und sind dadurch auch besonders wertvoll. Durch unser spezielles Hartversilberungsverfahren wird eine sehr hohe Verschleißfestigkeit garantiert.

Wir beauftragen unseren Vertreter, Herrn Weidemann, Sie in der kommenden Woche zu besuchen. Er wird Ihnen dann gern unsere neue Musterkollektion vorlegen und Sie fachmännisch beraten.

Mit freundlicher Empfehlung

Hessische Metallwarenfabrik
Heinrich Wiegand GmbH & Co.

Falt-marke

Dr. Gürtler   Weber

Warn-zeichen

Anlage
Katalog

Verteiler
Herrn Weidemann

Der Briefkopf dieses Briefes ist von 45 mm auf 27 mm verkürzt. Normvordruck A4 Format A nach DIN 676.

Mit den Aufgaben Nr. 3 (Bestellung), Nr. 4 (Bestellungsannahme), Nr. 5 und Nr. 6 entsteht eine weitere Briefreihe.

Geschäftsräume
Industriestraße 12–14
Offenbach-Waldheim

Telefax 0611 31245
Internet www.wiegand-wvd.de

Bankkonto
Deutsche Bank Offenbach
BLZ 505 700 18 Kto.-Nr. 704 136

Postbank Frankfurt (Main)
BLZ 500 100 60
Kto.-Nr. 243 87-602

Sitz der Gesellschaft: Offenbach (Main)   Registergericht: Amtsgericht Offenbach HRB 126   Geschäftsführer: Dr. Manfred Knapp

Aufgaben zur Briefreihe 2

Aufgabe 3 Brief im Format A4 mit mehrzeiliger Einrückung

Hessische Metallwarenfabrik	I. Z., I. N.v.	g-a 20..-03-01
Heinrich Wiegand GmbH & Co.	M. Z., m. N.v.	l-h
Postfach 10 15 11	Tel., Name	12 Herr Lechleiter
63015 Offenbach	Datum	20..-04-10

Betreff

Bestellung — Absätze selbst bilden!

Sehr geehrte Damen und Herren, hiermit bestelle ich zur Lieferung bis spätestens 15. Mai d. J. zu den Preisen Ihres Katalogs für Großabnehmer frei Haus folgende Bestecke:

10 Garnituren Modell »Helga«, 12teilig, versilbert.
Jede Garnitur besteht aus 3 Essmessern,
3 Essgabeln, 3 Esslöffeln und 3 Kaffeelöffeln.

Auf jedem Stück ist die Gravierung G. N. anzubringen. Hierzu wünscht mein Kunde die Schrift 312. Meine Zahlung erfolgt binnen 14 Tagen nach Rechnungsdatum mit einem Abzug von 2 % Skonto. Bitte, bestätigen Sie mir den Auftrag in allen Einzelheiten. Mit freundlichen Grüßen Haushalt- und Küchengeräte Peter Zimmermann (Es unterschreibt Herr Lechleiter. Wiederholen Sie die Unterschrift!)

Aufgabe 4 Brief im Format A4 mit einzeiliger Einrückung

Haushalt- und Küchengeräte	I. Z., I. N.v.	l-h 20..-04-10
Peter Zimmermann	U. Z., u. N.v.	g-a 20..-03-01
Postfach 10 01 01	Tel., Name	142 Frau Weber
60001 Frankfurt	Datum	20..-04-12

Betreff

Bestellungsannahme — Absätze selber bilden!

Sehr geehrter Herr Zimmermann, vielen Dank für Ihren Auftrag über

10 Besteckgarnituren Modell »Helga«.

Jede Garnitur besteht aus 3 Essmessern, 3 Essgabeln, 3 Esslöffeln und 3 Kaffeelöffeln. Die Ausführung der Bestecke ist Alpacca mit 100 g Feinsilberauflage. Als Gravierung sind die Buchstaben G. N. vorgemerkt, und zwar in der Schrift 312. Der Preis frei Haus beträgt 70 EUR je Garnitur netto. Die Rechnung ist binnen 30 Tagen ohne Abzug oder binnen 14 Tagen abzüglich 2 % Skonto zu zahlen. Wir verpflichten uns, die Bestecke bis zum 15. Mai d. J. zu liefern. Eine zufriedenstellende Erledigung Ihres Auftrages sichern wir Ihnen zu. Mit freundlichen Grüßen Hessische Metallwarenfabrik Heinrich Wiegand GmbH & Co. (Die Unterschriften Dr. Gürtler und Weber sind zu wiederholen!)

Aufgabe 5 Brief A4 mit Einrückung

Express

Hessische Metallwarenfabrik	I. Z., I. N.v.	g-a 20..-04-12
Heinrich Wiegand GmbH & Co.	M. Z., m. N.v.	l-h 20..-04-10
Postfach 10 15 11	Tel., Name	12 Herr Lechleiter
63015 Offenbach	Datum	20..-05-16

Betreff — Absätze selber bilden!

Lieferungsverzug — **Einrückung selbst vornehmen!**

Sehr geehrte Herren, mit Ihrer Auftragsbestätigung sagten Sie mir die Lieferung der bei Ihnen bestellten 10 Besteckgarnituren Modell »Helga« bis spätestens 15. Mai d. J. zu. Leider habe ich die Bestecke bis heute nicht bekommen; ich setze Sie daher in Verzug. Ich gebe Ihnen eine Nachfrist bis zum 25. d. M. Sollte ich bis dahin die Bestecke nicht erhalten haben, lehne ich die Annahme ab und werde Schadenersatz wegen Nichterfüllung verlangen. Sicher werden Sie es nicht darauf ankommen lassen und umgehend liefern. Beste Grüße Haushalt- und Küchengeräte Peter Zimmermann

(Unterschreiben Sie selbst, und wiederholen Sie Ihre Unterschrift!)

Aufgabe 6 Brief A4 mit Einrückung

Haushalt- und Küchengeräte	Bezugszeichenzeile selbst ausfüllen!	
Peter Zimmermann		
Postfach 10 01 01	Tel., Name	142 Frau Weber
60001 Frankfurt	Datum	20..-05-17

Betreff selbst ausfüllen!
Absätze selbst bilden!

Sehr geehrter Herr Zimmermann, wie Ihnen bereits telefonisch mitgeteilt wurde, werden Ihre Bestecke

spätestens am 20. Mai d. J. als Expressgut abgehen.

Wir bitten Sie nochmals um Entschuldigung, dass wir bei Ihrem Auftrag den Liefertermin nicht pünktlich einhalten konnten. Schuld war, dass unsere beiden Graveure krank wurden. Wir mussten daher die Erledigung aller Gravurarbeiten zurückstellen. Seit gestern arbeitet wenigstens ein Graveur wieder. Er hat mit den Arbeiten an Ihren Bestecke begonnen und wird übermorgen damit fertig sein. Wir sind sicher, dass wir die Nachfrist einhalten. Wir hoffen, dass durch die uns selbst unangenehme Verzögerung unsere guten Geschäftsbeziehungen nicht leiden.

Mit freundlichen Grüßen Hessische Metallwarenfabrik Heinrich Wiegand GmbH & Co. / Dr. Gürtler / Weber

Private Handelsschule
Peters & Steinbrenner
Hamburg

Priv. Handelsschule Peters & Steinbrenner, Heidkamp 32, 22399 Hamburg

Verlag
Hans Mayer GmbH
Am Alten Schloss 10
76530 Baden-Baden

Ihr Zeichen: h-r
Ihre Nachricht vom: 20..-04-20
Unser Zeichen: pe-le
Unsere Nachricht vom:

Name: Eva Peters
Telefon: 040 246043-236
Telefax: 040 246043-240
E-Mail: peters@t-online.de
Internet: www.eva.peters.de

Datum: 20..-05-15

Bestellung

Sehr geehrte Damen und Herren,

die folgenden Damen, deren Anschriften wir Ihnen nennen, bestellen bis auf Widerruf Ihre Zeitschrift

▼ Zentrieren

"Die Sekretärin".

Verwenden Sie den Lineal-TAB

Name	Vorname	Straße/Hausnummer	PLZ und Wohnort
Abele	Gerda	Stettiner Str. 84	20457 Hamburg
Berger	Hannelore	Rathausplatz 4 a	22869 Schenefeld
Dauer	Christine	Hölderlinstr. 7	22607 Hamburg
Erichson	Ingrid	Robert-Koch-Weg 7	21502 Geesthacht
Rosenbauer	Jutta	Uferstraße 124	22081 Hamburg
Schneider	Ulrike	Hauptstraße 5	25462 Rellingen
Zwick	Gisela	Dürerstraße 10	22607 Hamburg

Anzeigenpreisliste. Da wir beabsichtigen, einige Anzeigen in Ihrer Zeitschrift "Die Sekretärin" aufzugeben, bitten wir um die zurzeit gültige Anzeigenpreisliste.

Mit freundlichen Grüßen

Private Handelsschule
Peters & Steinbrenner

Eva Peters

Der Teilbetreff. Hat ein Brief Absätze, die inhaltlich vom Hauptbetreff abweichen, so kann jeder Absatz durch einen Teilbetreff eingeleitet werden. Der Teilbetreff beginnt an der Fluchtlinie, er schließt mit einem Punkt und wird durch Fettschrift und/oder Farbe hervorgehoben. Der Text wird dann unmittelbar angeschlossen.

CTV Wer am Computer schreibt, der kann nachträglich ändern, z. B. einfügen und/oder sortieren.

- Erfassen Sie den **gesamten** Brief unter dem Namen: **sortier1.** Speichern und drucken Sie diesen Brief.
- Rufen Sie den Text wieder auf. Fügen Sie alphabetisch an der richtigen Stelle ein: **Fröhlich, Jennifer, Parkweg 1, 23948 Elmenhorst.** • Speichern Sie den Text, drucken Sie ihn.
- Rufen Sie den geänderten Text wieder auf. • Sortieren Sie nach Postleitzahlen. • Speichern und drucken Sie.

Soll der Ausgangstext unverändert erhalten bleiben, nennen Sie die veränderten Texte: **sortier2** bzw. **3.**

Aufgabe 7 Brief A4 mit Aufstellung

Nordlandreisedienst	I. Z., I. N.v.	
H. & G. Walter	M. Z., m. N.v.	ke-lu 20..-05-15
Postfach 55 01	Tel., Name	123 Frau Margraf
24065 Kiel	Datum	20..-06-20

Betreff selbst ausfüllen!

Sehr geehrte Herren,

ich sende Ihnen die Namen und die Anschriften der Teilnehmer, die sich für die Nordkap-Küstenfahrt vom 17. August bis 1. September d. J. gemeldet haben:

Name	Vorname	Wohnung	Wohnort
Berg	Werner	Fürther Straße 12	90429 Nürnberg
Berg	Brigitte	" " 12	90429 "
Friedrich	Udo	Am Landgraben 38	90765 Fürth
Friedrich	Karin	" " 38	90765 "
Hübner	Hannelore	Schillerstraße 36	90409 Nürnberg
Klein	Hans	Beethovenweg 18	90491 "
Klein	Uta	" 18	90491 "

Bitte bestätigen Sie mir die Anmeldung, und senden Sie mir die Reiseunterlagen frühzeitig zu.

Mit freundlichen Grüßen

Reisebüro Heinz Keller

i. A.

Anna Margraf

Aufgabe 8 Brief A4 mit Aufstellung

Modernawerke	I. Z., I. N. v.	t-z 20..-04-15
Günther & Haas OHG	M. Z.	ha-lo
Postfach 14 01	Tel., Name	12 Anna Hansen
39004 Magdeburg	Datum	20..-04-25

Betreff selbst ausfüllen!

Sehr geehrte Damen, sehr geehrte Herren,

vielen Dank für Ihr Angebot. Ich bestelle zur Lieferung bis spätestens Mitte Mai d. J. folgende Badeanzüge:

Badeanzüge aus NYLTEST-HELANCA, Best.-Nr. 2000

Größe	38	40	42	44	46
Stück	2	4	4	4	2

Badeanzüge aus NYLTEST-Bouclé, Best.-Nr. 2001

Größe	38	40	42	44	46
Stück	4	6	6	4	2

Bikini aus Jersey, Best.-Nr. 2002

Größe	36	38	40	42	44
Stück	4	4	4	2	2

Rechnungsausgleich. Zum Ausgleich Ihrer Rechnung vom 10. April .. sende ich Ihnen einen Verrechnungsscheck. Den Rechnungsbetrag habe ich um 2 % Skonto gekürzt.

Mit freundlichen Grüßen

Mode-Langrock
Nordseebad Juist

i. V.

Hansen

Anlage
Verrechnungsscheck

Aufgabe 9 Brief A4 mit Aufstellung

Holzimport	I. Z., N.v.	ho-wa 20..-11-12
Helmut Wagenführ	M. Z., m. N.v.	p-r
Postfach 1 02 01	Tel., Name	15 Herr Rapp
19002 Schwerin	Datum	20..-11-20

Betreff selbst ausfüllen!

Sehr geehrter Herr Wagenführ,

aufgrund Ihres Sonderangebotes Nr. 35 bestelle ich bei Ihnen zur umgehenden Lieferung eine Ladung Import-Sperrholzplatten in folgender Zusammenstellung:

Stück	Klasse	Stärke	Größe
50 Platten	I/II	8 mm	122 x 122 cm,
100 "	II/II	8 mm	122 x 122 cm,
100 "	II/II	10 mm	183 x 127 cm, schwed. Kiefer.
50 Platten	I/II	6 mm	155 x 155 cm,
100 "	II/II	6 mm	155 x 155 cm,
100 "	II/II	10 mm	127 x 127 cm, finnische Birke.

Die Entladung erfolgt mit Stapler. Bitte laden Sie die Pakete auf Stapelhölzer.

Mit freundlichen Grüßen

Friedrich Rothmaier
Holzhandlung

ppa.

Rapp

Aufgabe 10 Brief A4 mit Aufstellung

Express		
Pharmaziewerk	I. Z., I. N.v.	e-w 20..-10-27
Gebr. Rolli GmbH & Co. KG	M. Z., m. N.v.	p-r 20..-10-26
Industriestraße 45–47	Tel., Name	10 Hans Felsmann
38110 Braunschweig	Datum	20..-10-29

Betreff
Bestellung

Sehr geehrte Damen, sehr geehrte Herren,

ich danke Ihnen für die rasche Erledigung meiner Anfrage und bestelle zur baldigen Lieferung:

Badetabletten, in Rollen sortiert, und zwar

2000	Rollen	à 10 Stück	zu	50 g,
2000	"	à 5 "	"	50 g,
1000	"	à 5 "	"	25 g, mit Fichtennadelduft.
1000	Rollen	à 10 Stück	zu	50 g,
500	"	à 5 "	"	50 g,
300	"	à 5 "	"	25 g, mit Köln.-Wasser-Duft.

Zunächst wäre mir auch mit einer Teillieferung gedient. Senden Sie diese bitte möglichst schnell.

Mit freundlichen Grüßen

Erich Müller
Großhandlung

Hans Felsmann

Standardbriefe

Standardbriefe sind Briefe, deren Inhalt unverändert oder mit wenigen Änderungen an mehrere Empfänger verschickt werden. Man erfasst den gleichbleibenden Text nur einmal und fügt für die sich ändernden Textteile (Anschrift, Bezugszeichen usw.) **Felder** ein. Diese sind im Brief mit { } gekennzeichnet. In WORD werden sie mit der Tastenkombination **Strg** + **F9** erzeugt. Will man die variablen Stellen ansteuern, so erreicht man das mit der Taste **F11**.

Feld für die Postanschrift des Absenders

•
•
•
{ }
Strg + **F9**

Innerhalb der Anschrift von Zeile zu Zeile mit der Pfeiltaste ↓ abwärts gehen.

Erstellen einer Maske für den Standardbrief

- Wählen Sie die Schrift Courier 12 und als Ansicht Seiten-Layout.
- Setzen Sie in Zeile **16** das Feld für die Anschrift auf Spalte 1 mit **Strg** + **F9** = { }.
- Den Cursor bringen Sie mit der Pfeiltaste → hinter das Zeichen { }.
- In Zeile **25** setzen Sie das Feld für das erste Leitwort der Bezugszeichenzeile. Für die weiteren Leitwörter setzten Sie linksbündige Tabulatoren bei 5, 10 und 15cm.
- Schreiben Sie den Text ab Zeile 28 und setzen Sie weitere Felder für Anrede, Rechnungsdatum und Rechnungshöhe.
- Bringen Sie den Cursor mit **Strg** + **Pos 1** an den Textanfang.
- Mit **F11** prüfen Sie, ob das Ansteuern der Felder klappt.
- Speichern Sie unter **Maske für den Standardbrief** und schließen Sie die Datei.
- Laden Sie die **Maske für den Standardbrief.** Erfassen Sie den variablen Text laut Schreibaufträgen (s. unten) mit **F11** im Einfügemodus und speichern Sie unter **Mahnung Richter** (Mahnung Wagner und Mahnung Bott).

Ihr Zeichen, Ihre Nachricht vom	Unser Zeichen, unsere Nachricht vom	Telefon, Name	Datum
{ }	Tabstopp auf 5cm	Tabstopp 10cm	Tab 15cm

Strg + **F9**

•

Rechnungsausgleich

•

• (Im Einfügemodus Variable einsetzen und evtl. Felder markieren und mit **Entf** löschen.)

Sehr geehrte{},

sicher ist es nur Ihrer Aufmerksamkeit entgangen, dass unsere Rechnung vom {} in Höhe von {} EUR noch nicht beglichen wurde.

Sollten Sie inzwischen gezahlt haben, so betrachten Sie die Angelegenheit als erledigt. Wenn Sie aber den Betrag noch nicht gezahlt haben, dann überweisen Sie ihn bitte umgehend. Wir bedanken uns dafür bereits im Voraus.

Mit freundlichen Grüßen

METALLWARENFABRIK
HEINRICH SCHNEIDER & CO.

Zimmer

Spalte 1 auf dem Bildschirm entspricht beim Ausdruck der Gradzahl 10. Wenn Ihr Drucker einen Papiervorschub hat, dann müssen die Felder so gesetzt werden, dass der Ausdruck in Zeile 16, 25 usw. erfolgt. Die Zeilenangaben stimmen nur, wenn in FORMAT/ABSATZ als Zeilenabstand »genau« gewählt wird.

Wenn Sie einen weiteren Standardbrief erstellen wollen, so nehmen Sie hierfür den Brieftext von Seite 68 und erfinden Sie dazu mindestens zwei andere Anschriften.

Schreibauftrag Nr. 1
Eisenhandlung
Richter & Weber
Postfach 10 01 01
44001 Dortmund

I.Z./I.N.v.	ri-b 20..-02-15
U.Z./U.N.v.	zi-n
Tel./Name	24 Herr Zimmer
Datum	20..-04-28

Selektion	Einfügungen
Mahnung	Herren
	17. Febr. 20..
	1.250,56

Schreibauftrag Nr. 2
Firma
Hans Wagner
Eichenweg 12
48249 Dülmen

I.Z./I.N.v.	
U.Z./U.N.v.	zi-n
Tel./Name	24 Herr Zimmer
Datum	20..-04-28

Selektion	Einfügungen
Mahnung	r Herr Wagner
	18. Febr. 20..
	860,87

Schreibauftrag Nr. 3
Baumarkt
Werner Bott
Bahnhofstr. 4
60529 Frankfurt

I.Z./I.N.v.	b-a 20..-02-15
U.Z./U.N.v.	zi-n 20..-02-16
Tel./Name	24 Herr Zimmer
Datum	20..-04-28

Selektion	Einfügungen
Mahnung	r Herr Bott
	16. Febr. 20..
	12.400,80

34. Übung Serienbriefe mit Word 2010 erstellen

Mit dem **Seriendruck-Assistent** können Sie Serienbriefe erstellen. Sie benötigen dazu eine **Datenquelle** (Adressen) und ein Hauptdokument (Brief). Die variablen Stellen im **Hauptdokument** (z. B. Anrede, Name usf.) werden mit den unterschiedlichen Einträgen der Datenquelle gefüllt. Zur Vorbereitung sind jedoch noch folgende zwei Aufgaben zu erledigen:

1. Datenquelle (Steuerdatei) erstellen:

Erstellen Sie zunächst eine Datenquelle, wie sie unten dargestellt ist. Dazu klicken Sie im Register **Sendungen** auf **Empfänger auswählen** und anschließend auf **Neue Liste eingeben …** Es öffnet sich ein Fenster mit einer Tabelle, deren Spaltenbezeichnungen (Titel, Vorname, Nachname etc.) angepasst werden müssen. Klicken Sie dazu auf **Spalten anpassen.** Nun können Sie **Feldnamen hinzufügen** oder **löschen** sowie diese **nach oben** oder **unten verschieben.** Bearbeiten Sie die Tabelle so, dass diese der Vorlage gleicht. Dann fügen Sie mit **Neuer Eintrag** weitere Zeilen hinzu, bis insgesamt vier Einträge vorhanden sind und füllen die einzelnen Zellen mit den vorgegebenen Informationen. Speichern Sie die Adressliste durch Klicken auf **OK** unter **»Datenquelle1«** auf Ihrem Computer ab.
Ihre Datenquelle sollte nun wie sie links angezeigt ist, ausschauen.

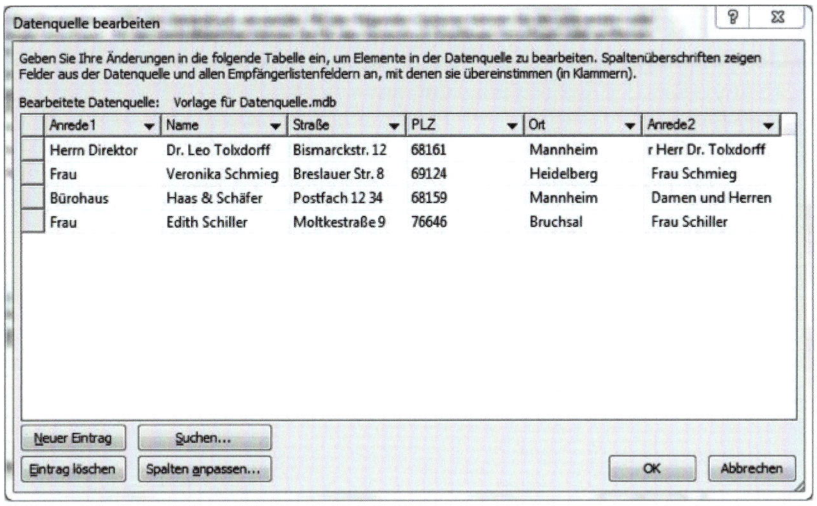

Anrede1	Name	Straße	PLZ	Ort	Anrede2
Herrn Direktor	Dr. Leo Tolxdorff	Bismarckstr. 12	68161	Mannheim	r Herr Dr. Tolxdorff
Frau	Veronika Schmieg	Breslauer Str. 8	69124	Heidelberg	Frau Schmieg
Bürohaus	Haas & Schäfer	Postfach 12 34	68159	Mannheim	Damen und Herren
Frau	Edith Schiller	Moltkestraße 9	76646	Bruchsal	Frau Schiller

2. Hauptdokument (Serientextdatei) erstellen:

Im Hauptdokument wird der Brieftext erfasst. An den variablen Stellen müssen die Feldnamen der Datenquelle (wie z. B. »Anrede1«, »Name«) in richtiger Reihenfolge eingesetzt werden, indem Sie jeweils die untere Hälfte von **Seriendruckfeld einfügen** anklicken, den entsprechenden angezeigten Feldnamen auswählen und den übrigen Text (siehe Seite 75) erfassen. Speichern Sie unter **»Hauptdokument1«.**

«Anrede1»
«Name»
«Straße»
«PLZ» «Ort»

Sicherungssysteme

Sehr geehrte «Anrede2»,

Monat für Monat werden in der Bundesrepublik Deutschland nahezu 10000 Einbruchdiebstähle verübt. Viele dieser Einbrüche könnten verhindert werden, wenn die wichtigsten Vorsichtsmaßnahmen beachtet würden. Wir wissen, wo im Haus und in der Wohnung die Schwachstellen liegen.

Unsere Sicherungssysteme bieten Schutz.

Den fertigen 1. Serienbrief sehen Sie auf Seite 75.

Serienbriefe Fortsetzung – Drucken

3. Verknüpfen von Datenquelle und Hauptdokument:

Nun sollen die beiden Elemente, die Datenquelle und das Hauptdokument, zu einem Serienbrief verknüpft werden.

Starten Sie Word und wechseln Sie auf das Register **Sendungen**.

Wählen Sie **Seriendruck starten** und klicken Sie auf **Seriendruck-Assistent mit Schritt-für-Schritt-Anweisungen**.

Als Schritt 1 von 6 aktivieren Sie die Option **Briefe** und klicken auf **Weiter: Dokument wird gestartet**.

Als Schritt 2 von 6 aktivieren Sie **Mit vorhandenem Dokument beginnen.** Daraufhin erscheint eine kleine Box in der Sie »Hauptdokument1« auswählen und anschließend mit **Öffnen** laden können. Falls Ihr Dokument nicht aufgelistet ist, klicken Sie **(Weitere Dateien ...)** und wählen über **Öffnen** Ihre Datei am entsprechenden Speicherplatz aus. **Weiter: Empfänger wählen**.

Im Schritt 3 von 6 aktivieren Sie **Vorhandene Liste verwenden** und klicken Sie anschließend auf **Durchsuchen**. Öffnen Sie die von Ihnen unter »Datenquelle1« gespeicherte Adressliste und klicken Sie auf **OK**, wenn an allen Zeilen ein Haken erscheint. Anschließend **Weiter: Schreiben Sie Ihre Briefe** anklicken.

Mit Schritt 4 von 6 kann das Hauptdokument erfasst, bzw. in unserem Fall bearbeitet werden. Sie könnten durch Klicken auf **Weitere Elemente ...** Feldnamen (Adresse1, Name, etc.) einfügen und ändern. Mit **Weiter: Vorschau auf Ihre Briefe** zur Vorschau gehen.

In Schritt 5 von 6 haben Sie eine Vorschau auf Ihre Serienbriefe. Klicken Sie auf die Doppelpfeile und Sie sehen die eingefügten Adressen vor dem Druck. Wählen Sie **Weiter: Seriendruck beenden**, um den Serienbrief zu drucken.

Als Schritt 6 von 6 wählen Sie **Drucken** und aktivieren Sie **Alle**, um für alle in der Liste eingegebenen Empfänger das Dokument auszudrucken. Anschließend ist der Drucker zu wählen und mit **OK** den Druck zu starten.

Drucken eines Dokuments:

1. Klicken Sie auf **Datei** und anschließend auf **Drucken**. Auf der rechten Bildschirmhälfte ist die Druckvorschau zu sehen.
2. Unter **Drucker** ist der gewünschte Drucker auszuwählen.
3. Unter **Einstellungen** können Sie z. B. nur einen bestimmten Bereich zum Ausdruck auswählen oder beidseitigen Druck etc. bestimmen.
4. Wählen Sie aus, wie viele **Exemplare** gedruckt werden sollen.
5. Starten Sie den Druck mit **Drucken**.

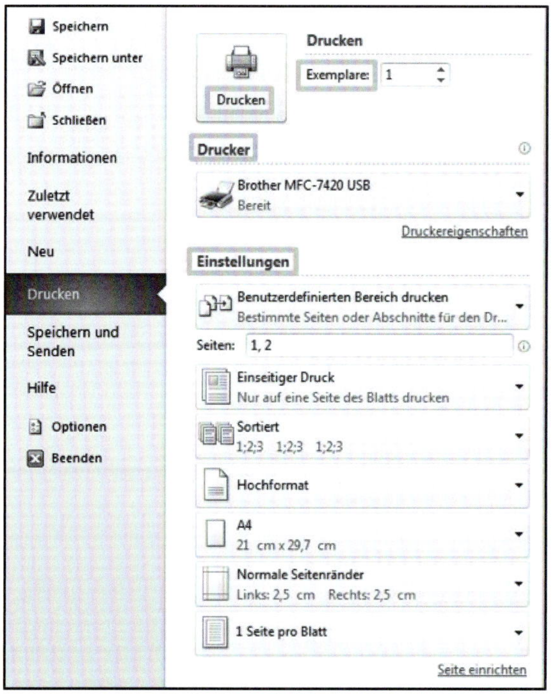

Ingenieurbüro Dr. Weber

Ingenieurbüro Dr. Weber, Lahnstraße 1, 68167 Mannheim

Herrn Direktor
Dr. Leo Tolxdorff
Bismarckstr. 12
68161 Mannheim

Ihr Zeichen, Ihre Nachricht vom	Unser Zeichen, unsere Nachricht vom	Telefon, Name 0621 14991-	Datum
	ni-ko	123 Herr Schneider	20..-10-02

Sicherungssysteme

Sehr geehrter Herr Dr. Tolxdorff,

Monat für Monat werden in der Bundesrepublik Deutschland nahezu 10 000 Einbruchdiebstähle verübt. Viele dieser Einbrüche könnten verhindert werden, wenn die wichtigsten Vorsichtsmaßnahmen beachtet würden. Wir wissen, wo im Haus und in der Wohnung die Schwachstellen liegen.

Unsere Sicherungssysteme bieten Schutz.

Denken Sie nicht, bei Ihnen wäre nichts zu holen. Denken Sie auch nicht, Sie seien ja versichert. Diese beiden Argumente hört man immer wieder, wenn man mit Haus- und Wohnungsbesitzern über Einbruchsicherungen spricht. Meist wird vergessen, dass der Schaden durch eine Versicherung nur unzureichend gedeckt ist und dass die Einbrecher, sind sie einmal in der Wohnung, zerstören, was oft unersetzbar ist.

Wir stellen eine Reihe unterschiedlichster Sicherungseinrichtungen her, über die Sie unser beigefügter Prospekt unterrichtet. Wir sind ein Meisterbetrieb; daher gewährleisten wir eine fachgerechte Installation und eine optimale Funktionsfähigkeit.

Gern beraten wir Sie, wenn Sie mit uns einen Termin vereinbaren. Sie können hierzu die bereits frankierte Karte benutzen, die wir beilegen. Sie können uns aber auch jederzeit telefonisch erreichen.

Mit freundlichen Grüßen

WEBER SICHERUNGSSYSTEME

ppa. Schneider

Schneider

Anlagen
1 Prospekt
1 Karte

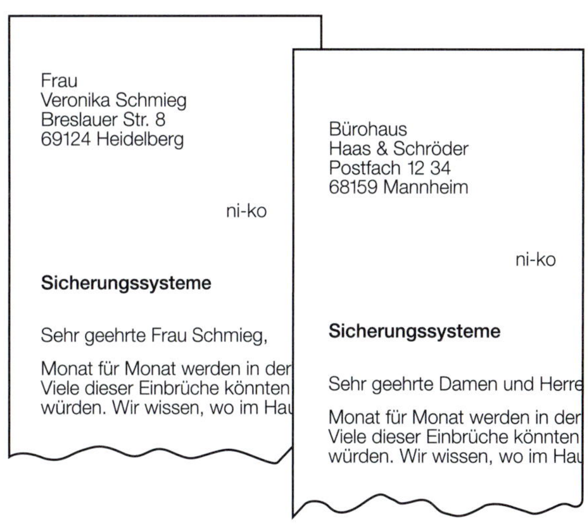

35. Übung Textbausteine – AutoText

Bausteinbriefe werden aus einzelnen Textbausteinen zusammengesetzt. Bei WORD heißen sie AutoText. Immer wiederkehrende Texte werden gespeichert und können so schnell an der gewünschten Position eingefügt werden.

AutoTexte erstellen:

- Text schreiben
- Text markieren
- Menü Einfügen – AutoText – Neu
- Namen eingeben, z. B. 01, – OK

AutoText einfügen:

- Cursor an Einfügestelle bringen
- AutoText-Namen eingeben, z. B. 01
- Funktionstaste **F3** drücken

Auszug aus einem Texthandbuch

Volltext	Nr.	Stichwort
Lehrbücher		Betreff und Anrede
Sehr geehrte **[Anrede]**,	01	
vielen Dank für Ihre Anfrage. Gern senden wir Ihnen das gewünschte Buch als kostenloses Prüfstück.	10	Buch kostenlos
Mit freundlichen Grüßen VERLAG REINHARD MEIER **[Unterschrift]**	40	Gruß
Anlage **[Bezeichnung]**	**50**	Anlage

Erstellen Sie die Textbausteine 01, 10, 40 und 50 (nur die Spalte »Volltext« wie oben beschrieben). Schreiben Sie als Anschrift: Frau Helga Bauer, Mannheimer Str. 12, 10713 Berlin. Geben Sie jeweils den AutoText-Namen (z. B. 01) ein und fügen Sie mit der Funktionstaste **F3** die Bausteine zum Brief zusammen.
Variable Anrede: Frau Bauer, Unterschrift: Inge Schilling, Anlage: 1 Lehrbuch

Frau
Helga Bauer
Mannheimer Str. 12
10713 Berlin

Lehrbücher

Sehr geehrte Frau Bauer,

vielen Dank für Ihre Anfrage. Gern senden wir Ihnen das gewünschte Buch
als kostenloses Prüfstück.

Mit freundlichen Grüßen

VERLAG REINHARD MEIER

Inge Schilling

Anlage
1 Lehrbuch

Texthandbuch

Volltext	Nr.	Stichwort
Lehrbücher		Betreff und Anrede
Sehr geehrte **[Anrede],**	01	
vielen Dank für Ihre Anfrage. Gern senden wir Ihnen das gewünschte Buch als kostenloses Prüfstück.	10	Buch kostenlos
vielen Dank für Ihre Anfrage. Gern senden wir Ihnen die gewünschten Bücher als kostenlose Prüfstücke.	11	mehrere Bücher kostenlos
vielen Dank für Ihre Anfrage. Das gewünschte Buch senden wir Ihnen in einigen Tagen.	12	Buch folgt
vielen Dank für Ihre Anfrage. Die gewünschten Bücher senden wir Ihnen in einigen Tagen.	13	Bücher folgen
vielen Dank für Ihre Anfrage. Das gewünschte Buch können wir leider nicht kostenlos abgeben. Wir berechnen Ihnen einen Vorzugspreis für Lehrer. Dieser Betrag wird Ihnen gutgeschrieben, wenn Sie das Buch in Ihrer Klasse einführen.	14	Lehrerpreis
wir freuen uns über Ihr Interesse an unseren Lehrbüchern. Leider waren Ihre Angaben für uns zu ungenau. Wir senden Ihnen unseren Prospekt und bitten Sie, unter Angabe der Bestell-Nr. erneut zu bestellen. Wir werden dann Ihren Bücherwunsch umgehend erfüllen.	15	Angaben ungenau
vielen Dank für Ihre Anfrage. Das gewünschte Buch ist leider vergriffen. Wir schreiben Ihnen, wenn die Neuauflage erschienen ist. Bitte, haben Sie ein wenig Geduld.	20	Vergriffen
vielen Dank für Ihre Anfrage. Das gewünschte Buch ist nicht mehr lieferbar. Wir empfehlen Ihnen hierfür **[Ersatzbuch].**	21	Nicht lieferbar Ersatz
vielen Dank für Ihre Anfrage. Das gewünschte Buch ist nicht bei uns erschienen. Bitte, wenden Sie sich an **[Anderer Verlag].**	22	Nicht von uns bei …
Wir hoffen, dass Ihnen unsere Bücher gefallen, und freuen uns auf eine gute Zusammenarbeit mit Ihnen.	30	Zusammenarbeit
Mit freundlichen Grüßen VERLAG REINHARD MEIER **[Unterschrift]**	40	Gruß
Anlage **[Bezeichnung]**	**50**	Anlage
Anlagen **[Aufstellung]**	**51**	Anlagen

Aufgabe: Erfassen Sie die noch nicht erfassten Textbausteine und erstellen Sie aus den Textbausteinen 01, 14, 30, 40 und 50 einen Brief an Frau Ingrid Reimann, Buchenweg 8, 71032 Böblingen. Anrede: Frau Reimann, Unterschrift: Adam, Anlage: 1 Lehrbuch

Einführung in die Phonotypie

Konstanten

1 Wird nach Ansage geschrieben, so werden Satzzeichen, Absätze
2 usw. diktiert. Derartige feststehende Benennungen werden als
3 Konstanten bezeichnet. Sie sind in den folgenden Übungen mit
4 hochstehenden braunen Ziffern kenntlich gemacht. Erklärungen
5 hierzu finden Sie jeweils unter den zu schreibenden Übungen.

(Schreiben Sie bitte 1½-zeilig. Lassen Sie beim Schreiben die hochgestellten Ziffern weg!)

6 Am Lachen erkennt man den Narren.[1] Er kann recht laut lachen.[1]
7 Renate kann gut rechnen und lesen.[1] Beate ist gut im Rechnen.[2]
8 Das Bäumchen biegt sich,[3] doch der Baum nicht mehr.[1] Was Häns-
9 chen nicht lernt,[3] lernt Hans nimmermehr.[1] Ende gut,[3] alles gut.[2]
10 Was verkürzt die Zeit?[4] Tätigkeit![5] Was macht sie lang?[4] Müßig-
11 gang![5] Was bringt Schulden?[4] Harren und Dulden![5] Was bringt Ge-
12 winnen?[4] Nicht lange besinnen![5] Was bringt Ehren?[4] Sich wehren![6]

1 = *Punkt*
2 = *Punkt – Absatz*
3 = *Komma*
4 = *Fragezeichen*
5 = *Ausrufezeichen*
6 = *Ausrufezeichen – Ende der Übung*

Aufgabe Phono 1: **Lassen Sie sich die Zeilen 6–12 diktieren (Partnerarbeit). Dabei müssen an den Stellen, an denen hochgestellte Ziffern stehen, die entsprechenden Konstanten zusätzlich diktiert werden. Beispiel: Es soll geschrieben werden: Am Lachen erkennt man den Narren. – Es muss dann diktiert werden: Am Lachen erkennt man den Narren – Punkt**

Aufgabe Phono 2: Schreiben Sie den folgenden Fonotext

Wir mussten das Handballspiel beenden – *Semikolon* – denn es wurde Nacht – *Punkt*
Ein Sprichwort heißt – *Doppelpunkt* – Der Apfel fällt nicht weit vom Stamm – *Punkt*
Der Dampfer – *Anführungszeichen* – Rüdesheim – *Anführungszeichen* – fährt heute schon um 17 Uhr zurück – *Punkt*
Uwe verachtete – *Klammer auf* – es sei zu seiner Ehre gesagt – *Klammer zu* – jede Ausrede – *Punkt*
Peter verachtete – *Gedankenstrich* – es sei zu seiner Ehre gesagt – *Gedankenstrich* – Ausreden – *Punkt*

Wenn Sie richtig übertrugen, enden alle Zeilen gleich. Lassen Sie sich den Text ansagen (Partnerarbeit).

Anweisungen

13 Anweisungen sind beispielsweise Hinweise zum Hervorheben und
14 Buchstabieren. Sie werden durch "Stopp" (z. B. Stopp - fett)
15 eingeleitet und durch "Text" beendet. So ist alles, was nach
16 "Stopp" gesagt wird, nicht zu schreiben, es dient der Erklä-
17 rung. Die Konstante "Text" beendet die Erklärung. Alles, was
18 dann folgt, wird wieder geschrieben. Übe folgende Beispiele!

19 Unsere neuen Wintermodelle unterstreichen die modische Form.[1]
20 [2] <u>Unsere neuen Wintermodelle</u> sind bereits ab sofort lieferbar.[1]
21 Unsere neuen[3] <u>Wintermodelle sind bereits ab sofort lieferbar</u>.[1]
22 <u>Unsere neuen Wintermodelle sind bereits ab sofort lieferbar.</u>[4]

Für die Zeilen 20 und 21 Kodierung für gleichzeitiges Unterstreichen; Zeile 22 Kodierung für nachträgliches Unterstreichen.

Aufgabe Phono 3: Lassen Sie sich die Zeilen 19–22 ansagen.

1 = *Punkt*
2 = *Stopp – Unterstreichen* – Unsere neuen Wintermodelle – *Text* – sind bereits ab sofort lieferbar – *Punkt*
3 = Unsere neuen – *Stopp – Unterstreichen* – Wintermodelle sind bereits ab sofort lieferbar – *Punkt – Text*
4 = *Punkt – Stopp – Unterstreichen Sie den ganzen Satz – Ende der Übung.*

Aufgabe Phono 4:

Wir bitten Sie – *Stopp – fett* – dringend – *Komma – Text* – die Briefe einschreiben zu lassen – *Punkt*
Wir bitten Sie dringend – *Komma* – die Briefe – *Stopp – Unterstreichen* – einschreiben zu lassen – *Punkt – Text*
Wir bitten Sie dringend – *Komma* – die Briefe einschreiben zu lassen – *Punkt – Stopp – fett den ganzen Satz – Ende der Übung*

1 Bei Muster[1] "Werner" legen wir auf pünktliche Lieferung Wert.[2]
2 Die Modelle[3] "Ute" und[4] "Inge" sind z. Z. nicht mehr vorrätig.[2]
3 Wir empfehlen Ihnen unsere neuen Modelle[5] "Rolf" und[6] "Heinz".[2]
4 Die Muster[7] "Bielefeld" stellen wir Ihnen gern zur Verfügung.[8]

1 = *Anführungszeichen* – Werner – *Anführungszeichen*
2 = *Punkt*
3 = *Anführungszeichen* – Ute – *Anführungszeichen*
4 = *Anführungszeichen* – Inge – *Anführungszeichen*
5 = *Anführungszeichen* – Rolf – *Anführungszeichen*
6 = *Anführungszeichen* – Heinz – *Anführungszeichen*
7 = *Anführungszeichen* – Bielefeld – *Anführungszeichen*
8 = *Punkt – Ende der Übung*

Aufgabe Phono 5: Lassen Sie sich die Zeilen 1–4 ansagen (Partnerarbeit).

Aufgabe Phono 6: Übertragen Sie den Fonotext:

Bearbeiten Sie die jeweilige Aufgabe *– Stopp – sperren –* aufmerksam *– Punkt – Text*
Mit *– Stopp – sperren –* viel Ausdauer *– Text –* gelingt Ihre Bestleistung *– Punkt*
Stopp – sperren – Besseres *– Text –* Können bietet Ihnen *– Stopp – sperren –* mehr *– Text –* Verdienst *– Punkt*

5 Das Modell[1] ERIKA können wir erst wieder in 14 Tagen liefern.[2]
6 Wir fahren mit dem Dampfer[3] MONIKA von Bingen nach Rüdesheim.[4]

1 = *Stopp – Großbuchstaben* – Erika – *Text*
2 = *Punkt*
3 = *Stopp – Großbuchstaben* – Monika – *Text*
4 = *Punkt – Ende der Übung*

Aufgabe Phono 7: Lassen Sie sich die Zeilen 5 und 6 ansagen (Partnerarbeit).

Aufgabe Phono 8: Übertragen Sie folgenden Fonotext:

Wir bringen zur Frühjahrsmesse das Modell *– Stopp – Großbuchstaben –* Regina *– Text –* neu heraus *– Punkt*
Sind die Modelle *– Stopp – Großbuchstaben –* Ulrike *– Text –* und *– Stopp – Großbuchstaben –* Angelika *– Text*
neu aufgenommen worden *– Fragezeichen*

Sprechtechnik

7 Deutliche Aussprache und richtige Betonung sind für die feh-
8 lerfreie schriftliche Wiedergabe eines Diktats sehr wichtig.
9 Eine natürliche Sprechweise soll auch beim Fonodiktat beibe-
10 halten werden. Es ist ferner darauf zu achten, dass die End-
11 silben nicht verschluckt werden. Zahlen sind besonders deut-
12 lich anzusagen. Beachten Sie noch folgende Besonderheiten:

Man sagt besser	für 2	»zwo«
	für Juni	»Juno«
	für Juli	»Julei«
	für 1234	eins zwo drei vier
	für 56,78	sechsundfünfzig – Komma – sieben acht
	für 90 87	neun null – leer – acht sieben

13 Die Bestellnummern[1] 2 und 3 liefern wir in etwa 8 Tagen nach.[2]
14 Er wird seine Reise vom[3] 2. Juni auf den 3.[4] Juli verschieben.[2]
15 Unsere neue Postanschrift:[5] Postfach[6] 20 24 01, 20217 Hamburg.[2]
16 Die Bankleitzahl für das Postgiroamt Köln heißt:[7] 370 100 50.
17 Er hatte Ihnen den Betrag von[8] 145,90 EUR gestern überwiesen.[9]

1 = zwo
2 = *Punkt*
3 = *zwoten Juno*
4 = Julei
5 = *Doppelpunkt*
6 = zwo null – *leer* – zwo vier – *leer* – null eins – *Komma* – zwo null zwo eins sieben
7 = *Doppelpunkt* – drei sieben null – *leer* – eins null null – *leer* – fünf null – *Punkt*
8 = hundertfünfundvierzig – *Komma* – neun null – Euro
9 = *Punkt – Ende der Übung*

Aufgabe Phono 9: Diktieren Sie die Sätze einem Mitschüler. Lassen Sie sich diktieren (möglichst ins Diktiergerät).

Buchstabieren – Aufgaben

Für das Buchstabieren von Wörtern und Begriffen, die nicht bekannt und allgemein verständlich sind, wird die folgende Buchstabiertafel verwendet:

A	Anton	E	Emil	K	Kaufmann	P	Paula	T	Theodor	W	Wilhelm
Ä	Ärger	F	Friedrich	L	Ludwig	Q	Quelle	U	Ulrich	X	Xanthippe
B	Berta	G	Gustav	M	Martha	R	Richard	Ü	Übermut	Y	Ypsilon
C	Cäsar	H	Heinrich	N	Nordpol	S	Samuel	V	Viktor	Z	Zacharias
Ch	Charlotte	I	Ida	O	Otto	Sch	Schule				
D	Dora	J	Julius	Ö	Ökonom	ß	Eszett				

1 Wir fügen diesem Schreiben die Prospekte [1] J/I und [2] k-l II bei. [3]

2 Die Firma Müller & [4] Mayer aus Mannheim wird von uns beziehen. [3]

3 Die Herren [5] Peczinsky und [6] Wyzoreck wurden uns sehr empfohlen. [7]

1 = *groß Julius – Schrägstrich – groß Ida*
2 = *klein Kaufmann – Bindestrich – klein Ludwig römisch zwo*
3 = *Punkt*
4 = *Stopp –* Mayer *mit Anton Ypsilon – Text*
5 = *Stopp – ich buchstabiere* Peczinsky *– Paula Emil Cäsar Zacharias Ida Nordpol Samuel Kaufmann Ypsilon – Text*
6 = *Stopp – ich buchstabiere* Wyzoreck *– Wilhelm Ypsilon Zacharias Otto Richard Emil Cäsar Kaufmann – Text*
7 = *Punkt – Ende der Übung*

Aufgabe Phono 10: Diktieren Sie die Sätze einem Mitschüler. Lassen Sie sich diktieren.

Aufgabe Phono 11: Fonobrief – Hier spricht Roth – Bitte ein Schreiben auf Briefblatt A4

(Die in Klammern stehenden Angaben würden in der Praxis nicht diktiert, weil sie der Schreiberin bekannt wären. Die empfohlenen Sprechpausen sind durch Gedankenstriche gekennzeichnet.)

Anschrift – Sportgerätefabrik Max Müller KG *–* Postfach eins zwo *– leer –* drei vier *– Postleitzahl –* acht sieben fünf fünf zwo Oberstdorf *– (Bezugszeichen – Mein Zeichen – klein Richard – klein Otto – Bindestrich – klein Ludwig – klein Otto – Durchwahl –* eins zwo drei *– Name –* Herr Roth *– Datum – .. – Bindestrich –* null zwo *– Bindestrich –* zwölf) *– Betreff –* Irrläufer *–* Sehr geehrte Damen und Herren *– Komma –* heute erhielt ich von Ihnen einen Brief *– Punkt –* Nachdem ich den Umschlag geöffnet hatte *– Komma –* fand ich darin eine Rechnung *– Komma –* die aber nicht für mich *– Komma –* sondern für die Firma *– Stopp – ich buchstabiere* Brendel *– Berta Richard Emil Nordpol Dora Emil Ludwig – Text –* in Ulm bestimmt war *– Punkt –* Ich habe die Rechnung an diese Firma weitergeleitet *– Punkt – Absatz –* Beim Lesen der Rechnung stellte ich aber fest *– Komma –* dass Sie der Firma Brendel einen wesentlich höheren Rabatt gewähren als mir *– Punkt –* Ich bitte hierzu um eine Erklärung *– Punkt – Absatz –* Mit besten Grüßen *(– Absatz –* Sporthaus Otto Roth *maschinenschriftliche Namenswiedergabe des Unterzeichners –* Roth *–) Ende dieses Schreibens –* (Lösung siehe Seite 65)

(Die in Klammern stehenden Angaben brauchen in der Praxis nicht diktiert zu werden, da sie der Schreiberin bekannt sind.)

Anschrift – Holzgroßhandel Friedrich *– Stopp – ich buchstabiere* Rothmaier *– Richard Otto Theodor Heinrich Martha Anton Ida Emil Richard – Text –* Postfach eins null *– leer –* null neun *– leer –* null eins *– Postleitzahl –* zwo sieben vier fünf acht *– Stopp – ich buchstabiere* Cuxhaven *– Cäsar Ulrich Xanthippe Heinrich Anton Viktor Emil Nordpol – Text – (Bezugszeichen – Unser Zeichen – klein Gustav – klein Richard – Bindestrich – klein Ludwig – klein Otto – Durchwahl –* eins sechs acht *– Name –* Herr Groß *– Datum – .. – Bindestrich –* null sechs *– Bindestrich –* null neun*) – Betreff –* Auftragsbestätigung und Schulung – Sehr geehrter Herr Rothmaier *– Komma –* wir danken Ihnen für den Herrn *(– Stopp – ich buchstabiere* Günther *– Gustav Übermut Nordpol Theodor Heinrich Emil Richard – Text) –* erteilten Auftrag über *– Absatz – Stopp – Einrücken – Text –* fünf Diktiergeräte Modell *– römisch* drei *– Schrägstrich – klein Samuel – Punkt – Absatz – Stopp – Fluchtlinie – Text –* Wir werden Ihnen die Diktiergeräte *– Gedankenstrich –* vorbehaltlich Ihrer Zustimmung *– Gedankenstrich –* bereits in der kommenden Woche liefern *– Punkt – Absatz –* Gern übernehmen wir es *– Komma –* Ihre Damen und Herren an den Geräten einzuweisen *– Punkt –* Ebenso wichtig wie die Handhabung der Geräte ist aber auch die Beherrschung einer einheitlichen Diktatsprache *– Semikolon – Stopp – unterstreichen einheitliche Diktatsprache – Text –* denn Ansager und Schreiberin müssen die gleiche Fachsprache sprechen *– Punkt –* Auch hierfür bieten wir Ihnen unsere Hilfe an *– Ausrufezeichen –* Eine Druckschrift fügen wir bei *– Punkt – Absatz –* In einem *– Stopp – Großbuchstaben –* Intensivkurs *– Text –* lernt der Ansager *– Komma –* sich unmissverständlich auszudrücken *– Punkt –* Die Phonotypistin wird dann die Sprache *– Anführungszeichen –* ihres Diktators *– Anführungszeichen –* verstehen und sie in musterhafte Briefe umsetzen *– Punkt –* Wollen Sie diese Unterweisung *– Fragezeichen –* In *– Stopp – kursiv* nur *– Text –* wenigen Stunden werden Ihre Mitarbeiterinnen und Mitarbeiter von den ersten Anfängen bis zu jener Harmonie gelangen *– Komma –* die Freude am Diktieren und am Schreiben nach Diktat bereiten wird *– Punkt – Absatz –* Herr *(– Stopp –* Mayer *mit Anton Ypsilon – Text –) Klammer auf –* unser Fachmann für Diktieren und Schreiben *– Klammer zu –* wird sich telefonisch mit Ihnen in Verbindung setzen *– Komma –* um einen passenden Termin zu vereinbaren *– Punkt – Absatz –* Mit freundlichen Grüßen *–* (Büromaschinen Hans Blau *–* ppa. *–* Groß) *–* Anlage *–* eine Druckschrift *– Diktatende – keine weitere Ansage*

▼ Grad 5 ▼ Grad 23

Stichwortverzeichnis	Alphabetische Übersicht über die Schreibregeln nach DIN 5008
Abkürzungen	GmbH BGB z. B. i. A. i. V. d. M.
Abschlussstrich	187.080,00 € er steht eine ganze Zeile ============ unter der letzten Zahl
Akzente (Aussprachezeichen)	Café Ampère Côte d'Azur Besançon
Anführungszeichen	Er sagte: "Modell 'Rita' ist lieferbar."
Apostroph (Auslassungszeichen)	Besser, stolz aus ird'nem Topf, als demütig vom gold'nen Tisch.
Aufstellungen	3 1/2 Dtzd. am 20..-01-12 3,50 EUR 10 3/4 " " 20..-01-15 10,75 " Bruchstriche, letzte Schriftzeichen in Zahlengruppen und Dezimalzeichen stehen untereinander.
Auslassungspunkte	Der Horcher an der Wand ...
Bankleitzahl (BLZ)	Postbank Köln: BLZ 370 100 50
Bindestrich	Köln-Deutz Tee-Import 6-Zylinder-Motor
»bis«, Zeichen für	08:30 - 09:30 Uhr, aber: von 08:30 bis 09:30 Uhr
Bruchstrich	1/4 oder ¼ 1/2 oder ½ 1 2/25 12/25
Daten	3. August 2005, 2005-08-03 und 03.08.2005 (Im numerischen Datum, Tag und Monat immer zweistellig, Jahreszahlen vierstellig.)
Dezimale Teilungen	75,00 EUR 0,75 € 30 ct 12,5 km 0,750 km 0,250 kg
»Dollar«, Zeichen für $	Die Rechnung über 1.250,50 $ ist fällig. $ 35 oder 35 $. International: USD 7,65
Durchmesser	Ø-Zeichen über Einfügen-Sonderzeichen bilden.
Ergänzungs(binde)strich	Ein- und Ausfahrt 1-, 2- und 3-zeilig
Fehlende Typen	schreibe statt ä, ö, ü, ß dann ae, oe, ue, ss
»geboren«, Zeichen für	Johann Wolfgang von Goethe, * 1749 + 1832
Gedankenstrich	Wir sind - auch nachts - dienstbereit.
»gegen«, Zeichen für	Es spielte 1. FC Nürnberg – HSV in der Klage Weber ./. Schneider
Geografische Angaben	Berlin (Brandenburger Tor) 52° 31' 4" nördl. Breite und 13° 22' 46" östl. Länge
»gestorben«, Zeichen für	Friedrich von Schiller, * 1759 + 1805
Gleichheitszeichen	36 : 6 = 6 (Doppelstrich verwenden)
Gliederungszeichen	1 Maschinenschreiben 1. a) A. I. 1.1 Hervorhebungen 2. b) B. II. 1.1.1 Einrücken . . . . 1.1.2 Sperren . . . . 1.1.3 Unterstreichen . . . . 1.1.4 ... 10. j) J. X.
»Grad«, Zeichen für	Der Hang hat eine Neigung von 15°. Die tiefste Temperatur dieser Nacht: -5 °C
Hausnummern	Bergstr. 6 b, Hauptstr. 4 - 6, Hochstraße 14/16 Hintere Gasse 4 // W 12, Bismarckstraße 8 u. 9
Jahreszahlen	2005 2004/05 2005-04-15 oder 15.04.2005
Klammern	Neustadt (Weinstraße) a) b) c)
»Minute«, Zeichen für	52° 31' 4" 17:05:03 Stunden 17:05 Uhr

▼ Grad 5	▼ Grad 23
Mittestrich	siehe unter: Binde-, Bis-, Ergänzungs(binde)-, Gedanken-, Strecken- und Worttrennungsstrich, Rechenzeichen (Minuszeichen) und Zeichen für »gegen«
Paragrafzeichen	§ 4, die §§ 4 bis 9, aber: alle Paragrafen
»Pfund Sterling«, Zeichen f.	£, im ANSI-Code mit Alt + 0163 bilden.
Postfachnummern	Postfach 4 85, Postfach 45 89 und 2 34 76
Postbankkontonummern	Ffm 49 49-604, Hmb 504 56-207, Nbg 5041 23-853
Postleitzahl (PLZ)	10117 Berlin 75014 PARIS FRANKREICH
Promillezeichen	1 o/oo Delkredereprovision; 3 % Skonto
Prozentzeichen	2 % Skonto 5-prozentig 5%ig 33 1/3 %
Rechenzeichen	4 + 4; 8 - 3; 6 . 6 oder 6 x 6; 12 : 2 = 6
Römische Ziffern	I II IV V VI IX XXI MDCLIV (1654)
Satzzeichen	Satzzeichen folgen auf ein Wort, eine Zahl oder ein Schriftzeichen ohne Leerzeichen.
Schrägstrich	./. km/h 3 1/2 12/14 1986/87 E/K
»Sekunde«, Zeichen für	13° 22' 44" östlicher Länge
»Streckenstrich«, Zeichen f.	Der Eilzug fährt Stuttgart - Mannheim - Frankfurt.
Summen	12,00 € Der Summenstrich wird mit dem 12,00 €
Summenstrich	0,85 € Grundstrich ohne Zeilenschal- 0,85 € ▸ 12,85 € tung oder mit dem Mittestrich -------
Summenabschlussstrich	▸ ======= nach einer Schaltung unter 12,85 € der letzten Zahl geschrieben.
	Wird ein Abschlussstrich benötigt, so steht er als Doppelstrich eine ganze Zeile unter dem Ergebnis.
»Stern«, Zeichen für	* 1925 (Der Stern kann auch als Fußnotenhinweis* verwendet werden).
Telefonnummern	Tel.: 14991 Telefon: 07251 14991-0
Telefax (Fax)-Nr.	Fax: 123456 Fax: 0228 123456
Temperaturangabe	0 K = -273,15 °C (K = Kelvin) 0 °C = 273,15 K
Uhrzeiten	8 Uhr 08:30 Uhr 08:30:05 Uhr 00:05 Uhr
»und«, Zeichen für	Müller & Schneider (nur in Firmennamen!)
Unterführungszeichen	Mannheim-Neckarau, Karlsruher Str. 1 a " " " " 45
Verhältniszeichen	Maßstab 1 : 100 000 Verhältnis 2 : 1
Währungssymbole	stehen hinter oder 52,00 € 25 € vor dem Betrag € 52,00 CHF 10
Winkelangaben	der Winkel beträgt 90°
Wortergänzung d. Mittestrich	ein- bis zweimal, bergauf und -ab
Worttrennungsstrich	ba- cken, las- ten, Rau- heit, Waa- ge, Be- cher
Wortzusammensetzung	Haftpflicht-Versicherungsgesellschaft Druck-Erzeugnis Drucker-Zeugnis
Zahlen	5.000 € 5 000 km Bankleitzahl: 700 100 80
Zeichen für ...	siehe unter den jeweiligen Bezeichnungen, z. B. »Zeichen für Grad« unter »Grad« usf.
»Zoll«, Zeichen für	Schlauchanschluss 1/2"